咖啡制作与服务

主 编◎江巧玲 黄 强

副主编◎蒋 珩 周 劼 郭小曦
　　　　秦德兵 韦江佳 江丽毽

重庆大学出版社

内容提要

本书编写以咖啡产业链为脉，选取与咖啡制作紧密相关的六大模块内容，即咖啡种植与加工、咖啡烘焙、咖啡研磨、咖啡制作、咖啡特调以及咖啡店的服务与管理。

本书适合作为职业院校酒店服务与管理专业的教材，也可供咖啡培训机构、咖啡爱好者参考使用。本书配有微课、视频等丰富的教学资源包，可扫描二维码使用。

图书在版编目（CIP）数据

咖啡制作与服务 / 江巧玲，黄强主编 . -- 重庆：重庆大学出版社，2025.3
职业教育酒店管理专业校企"双元"合作新形态系列教材
ISBN 978-7-5689-4330-7

Ⅰ.①咖… Ⅱ.①黄…②江… Ⅲ.①咖啡—配制—职业教育—教材 Ⅳ.① TS273

中国国家版本馆 CIP 数据核字 (2024) 第 015568 号

咖啡制作与服务

KAFEI ZHIZUO YU FUWU

主　编　江巧玲　黄　强
副主编　蒋　珩　周　劼　郭小曦
　　　　秦德兵　韦江佳　江丽健
策划编辑：尚东亮

责任编辑：张洁心　　版式设计：尚东亮
责任校对：邹　忌　　责任印制：张　策

*

重庆大学出版社出版发行
社址：重庆市沙坪坝区大学城西路21号
邮编：401331
电话：（023）88617190　88617185（中小学）
传真：（023）88617186　88617166
网址：http://www.cqup.com.cn
邮箱：fxk@cqup.com.cn（营销中心）
全国新华书店经销
重庆金博印务有限公司印刷

*

开本：787mm×1092mm　1/16　印张：11　字数：226千
2025年3月第1版　2025年3月第1次印刷
印数：1—2 000
ISBN 978-7-5689-4330-7　定价：36.00元

职业教育与普通教育是两种不同的教育类型，具有同等重要的地位。随着中国经济的高速发展，职业教育为我国经济社会发展提供了有力的人才和智力支撑。教材作为课程体系的基础载体，是"三教"改革的重要组成部分，是职业教育改革的基础。《国家职业教育改革实施方案》提出要深化产教融合、校企合作，推动企业深度参与协同育人，促进产教融合校企"双元"育人，⋯⋯企"双元"合作开发的教材。

酒店管理是全球十大热门行业之一，⋯⋯优秀人才一直很紧缺。酒店管理专业是职业教育旅游类中的重要专业，⋯⋯和就业情况良好，开设相关专业的院校众多，深受广大学生的喜爱。酒店⋯⋯程具有很强的实操性。基于此，在重庆大学出版社的倡议下，重庆市酒店行业协会党支部书记、常务副会长兼秘书长谢廷富老师自2020年开始牵头组织策划本系列教材，汇聚了一批酒店行业的业界专家与职业院校的优秀教师共同编写了这套职业教育酒店管理专业校企"双元"合作新形态系列教材。

本系列教材具有以下几个特点：

1. 校企"双元"合作开发。为体现职业教育特色，真正实现校企"双元"合作开发，本系列教材由重庆市酒店行业协会牵头组织，邀请了重庆市酒店行业协会、重庆市导游协会、渝州宾馆、重庆圣荷酒店、嘉瑞酒店、华辰国际大酒店、伊可莎大酒店等行业企业的技能大师和职业经理人，以及来自重庆旅游职业学院、重庆建筑科技职业学院、重庆城市管理职业学院、重庆工业职业技术学院、重庆市旅游学校、重庆市女子职业高级中学、重庆市龙门浩职业中学校、重庆市渝中职教中心、重庆市璧山职教中心等院校的优秀教师共同参与教材的编写。本系列教材坚持工作过程系统化的编写导向，以实际工作岗位组织编写内容，由行业专家提供真实且具有操作性的任务要求，增加了教材与实际岗位的贴合度。

2. 配套资源丰富。本系列教材鼓励作者在编写时积极融入各种数字化资源，如国家精品在线开放课程资源、教学资源库资源、酒店实地拍摄资源、视频微课等。以上资源均以二维码形式融入教材，达到可视、可听、可练的要求。

3. 有机融入思政元素。本系列教材在编写过程中将党的二十大精神、习近平新时代中国特色社会主义思想以及中华优秀传统文化等思政元素与技能培养相结合，着力提升学生的职业素养和职业品德，以体现教材立德树人的目的。

4. 根据需要，系列教材部分采用了活页式或工作手册式的装订方式，以方便教师教学使用。

在酒店教育新背景、新形势和新需求下，编写一套有特色、高质量的酒店管理专业教材是一项系统复杂的工作，需要专家学者、业界、出版社等的广泛支持与集思广益。本系列教材在组织策划和编写出版过程中得到了酒店行业内专家、学者以及业界精英的广泛支持与积极参与，在此一并表示衷心的感谢。希望本系列教材能够满足职业教育酒店管理专业教学的新要求，能够为中国酒店教育及教材建设的开拓创新贡献力量。

编委会
2023 年 6 月

　　《关于深化现代职业教育体系建设改革的意见》提出"要重视发展职业技术教育"；重申职业教育的定位是要服务人的全面发展；提出要建立产教融合共同体，为行业提供稳定的人力资源和技术支撑。

　　我国咖啡消费市场在品牌商的培育下，处于持续增长的黄金时期，随着咖啡消费市场规模的扩大，消费者对咖啡认知和对咖啡品质要求的不断提升，必然对咖啡从业人员提出更新更高的要求。因此，教材编写以咖啡产业链为脉，选取与之紧密相关的岗位内容模块化、任务化、场景化，采用校企协同共建的开发机制，力求打破单一技能的学习方式，着眼多元化复合型技术技能人才培养的理念共同编写。

　　全书共分为咖啡种植与加工、咖啡烘焙、咖啡研磨、咖啡制作、咖啡特调以及咖啡店的服务与管理六大模块。体例上模块化，以项目为导向、以任务为引领，通过项目描述以及项目目标的提出，设置场景任务，培养学生自主学习和探究的能力；知识链接和视频链接使相关场景知识技能更直观、更清晰；学习评价表采用多方评价，不仅是对任务全过程的关注，更是对任务过程中团队协作能力的考察；通过填写总结表，培养学生学会反观自己，提升分析问题和解决问题的能力；通过项目资讯、能力拓展了解行业新发展；设置能力目标、知识目标、职业素养和思政融合四维一体的全域育人目标，着力培养"专业""敬业""团结""担当"具有社会责任感的新型技能型人才。

　　本书由重庆市渝中职业教育中心江巧玲和重庆天扬商贸有限公司黄强担任主编，江巧玲进行总体设计，重庆市教育科学研究院周劼对全书进行了审稿。其中模块一由江巧玲、蒋珩编写；模块二由秦德兵、马如平编写；模块三由郭小曦、周劼编写；模块四由韦江佳、熊哲编写；模块五由江巧玲和黄强编写；模块六由江巧玲、江丽鍵编写。

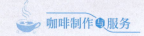

本书编写得到 Torch 炬点咖啡实验室、云南普洱天玉庄咖啡园、重庆典硕职业培训学校、重庆市酒店行业协会、重庆景兴餐饮文化管理有限公司的技术支持和帮助，在此衷心感谢所有关心和支持本书编写工作的领导和同仁。

由于编者水平有限，书中难免有疏漏之处，敬请广大读者能够提出宝贵建议，不断丰富和完善教材，不胜感激！

编　者

2024 年 10 月

目 录
MULU

1

咖啡种植与加工

项目一
咖啡种植与咖啡品种

【项目描述】

咖啡树是茜草科多年生常绿灌木或小乔木，主要分布在南北纬25°之间的环状地带，是热带和亚热带地区的典型植物。野生的咖啡树可以长到5～10米高，庄园里种植的咖啡树为了采收便利和增加结果量，被定期修剪在2米以下。咖啡树生长需要充足的阳光、水分以及适当的温度等条件，这些因素都会影响咖啡的品质。

咖啡树的种类繁多，全球范围内有500余种，品种更是高达6000多个。但是，能够生产出具有商业价值的咖啡豆的仅有小粒种阿拉比卡、中粒种罗布斯塔、大粒种利比里卡，这三种被称为"咖啡三大原生种"。

咖啡品种是决定咖啡风味的关键，通过对咖啡种植源头知识的学习，有助于我们了解更多更优质的新品种，也进一步体会科学家及咖农们在栽培优质咖啡树背后的辛苦付出。

【项目目标】

能力目标	1. 能正确辨识咖啡品种及特征 2. 能结合咖啡豆产地信息进行对客交流
知识目标	1. 了解咖啡树种植过程及生长条件 2. 熟知咖啡果结构及用途 3. 掌握常见咖啡品种类型及风味特征
职业素养	养成精于工、匠于心的匠心精神
思政融合	厚植爱国情怀

【项目资讯】 走进咖啡庄园

任务一　咖啡树种植

【任务要求】

1. 能讲述咖啡树的种植过程
2. 能指出咖啡树的生长条件
3. 能描述咖啡果的生长周期
4. 能识别咖啡果从外到内的结构

【任务准备】

1. 自主预习本章节相关内容
2. 准备咖啡果、咖啡果模具、世界咖啡地图等
3. 请根据本章节任务要求分组讨论，分解子任务

【任务实施】

＊知识链接＊

一、咖啡树的种植过程

咖啡树的种植过程漫长，受多种因素影响，又因病虫灾害等问题的干扰，需要咖农不断学习、更新种植知识和技能。咖啡树的种植过程大致可分为育苗培植期、植株成长期、更新衰老期三个阶段。

（一）育苗培植期

咖啡种子繁殖先要采种，在母树上采摘充分成熟的果实后先脱皮洗种，脱掉外果皮以及果胶，保留种壳通风晾干至含水量12％～20％时待用，咖啡种子制备好后最好在3个月内及时育苗播种。咖啡种子可以直接种植，但是发芽率不高、出芽不一致，容易造成生长不整齐，所以通常采用沙床催芽或者营养袋育苗培育，这种常见的有性繁殖法也称为种子繁殖。种子40天左右出土，当幼苗从内果皮顶端陆续冒出时就要开始移苗。应选择健壮的幼苗随起随栽，连根系一起插入育苗袋；当植株高度达到15厘米、真叶有4～5对时，就可以移栽到种植园了。

图 1.1　咖啡育苗培植

（二）植株成长期

咖啡植株定植后，2～3 年的时间都处于幼树生长期，这期间咖啡幼树生长旺盛，以根、茎、叶生长为中心，在地上和地下部分迅速扩展成植株。成年期阶段的咖啡树要经历初产期、盛产期和结果期三个生长阶段。初产期是指开始投产到盛产来临前这段时间，为期 1～2 年。咖啡树在初产期前 1～2 年开始第一次开花，之后进入盛产期。咖啡花的外观形态、气味和茉莉花非常相似，呈簇状紧生在树枝，花期 3～5 天。咖啡花瓣凋谢后陆续长出一颗颗绿色的小果实，咖啡树进入结果期。果实经过 8～9 个月成熟后，需及时采摘成熟果并在当天运往工厂，避免其在田间发酵影响品质。

（三）更新衰老期

当咖啡树生势和产量逐渐下降时，就预示着进入衰老期，为提高其产量就需及时修剪和管理，可采用一次和分次轮换截干的更新方式，以保留健壮的吸芽培养新干。若在咖啡树生长过程中管理得当，其经济寿命可延长几十年。

二、咖啡树的生长条件

咖啡树在植物学上，属于茜草科多年生常绿灌木或小乔木，大多分布在南北纬 25°之间的环状地带，通常我们把这个区域称为"咖啡带"（Coffee belt/Coffee zone）。咖啡树的生长环境受海拔、温度、土壤、雨量、光照，以及季风等多种因素影响。

（一）海拔

一般来说，阿拉比卡种适合在海拔 800～2 000 米的高原地区生长，而罗布斯塔种在海拔 200～800 米、气候温暖的低原地区也能生长。因海拔带来的生长周期延长和昼夜温差扩大的影响，高海拔地区的咖啡品种风味突出、地域特征明显；反之，低海拔地区的咖啡品种口味单一、平淡。

（二）温度、土壤

咖啡种植对温度的要求随品种不同而有差别，适宜阿拉比卡种生长的温度是 15～

25 ℃，而罗布斯塔种生长适宜的温度则是 25～30 ℃。同时，咖啡树的生长还需要肥沃的土壤，其中最适合栽培的是排水良好、含火山灰质的土壤。土壤质地疏松且土层深厚，有利于咖啡植株的根系向外延伸分布，从而吸收更多的养分。若在土层浅薄的地点根系无法有效延伸，就需要利用施肥等手段来为咖啡树提供所需要的养分。咖啡树对于土壤酸碱度的要求，一般而言是 pH 值为 4.5～6 的酸性土壤；不过，也有一些地区其土壤呈中性，咖啡树的生长状况同样良好。

（三）雨量

咖啡植株生长所需要的水分主要来自降雨、大气湿度以及露水，其中降雨是重要影响因素。一般来说，年降雨量保持在 1 500～1 800 毫米有利于咖啡植株的生长。

大气湿度与露水对咖啡树的影响相对较低，但同样是不可忽视的重要因素。大气湿度对阿拉比卡种植株的影响较小，所以它在高原型亚温带的湿度环境里生长较好。

露水的作用主要体现在干季时能给咖啡植株补给必需的水分，可以有效避免植株因脱水而导致落叶等不良现象发生。

在咖啡树开花及幼果发育期，一定的降雨量有助于其生长发育。

（四）光照

咖啡树的生长不耐强光，需要适当荫蔽。咖啡树原产地的日照条件属于遮阴或半遮阴，因此传统的咖啡树种植会在咖啡树间种植遮阴树木，以提供阴性生长环境。但遮阴过度，也会导致花果稀少、产量降低。

三、 咖啡果的生长周期

在咖啡树开花后 8～11 个月的生长过程中，咖啡果会从绿色到黄色再到成熟的红色。成熟的咖啡果呈鲜红色，因大小形似樱桃，又称咖啡樱桃。我们一般所称的咖啡豆，其实是咖啡果实经后期加工处理后的种子。

图 1.2　咖啡花和咖啡果

（一）开花期

咖啡树一般一年一开花，一年一次采收。但地理和气候差异导致了各产国咖啡树的开花次数略有不同：巴西由于没有高山，许多地区气温颇高，造成咖啡树有一年多次开花的情况，常可以见到白花、绿果、红果同处一枝条的现象；另外在一些干湿季不明显的国家，如哥伦比亚、肯尼亚等，一年有两次的花期，也就有两次收成。咖啡树开花时受雨量、气温的影响最大，气温低于 10 ℃ 时不开花，13 ℃ 以上才有利于开花，通常旱季过后的雨天是咖啡树开花的信号。咖啡花为纯白色，有淡淡的茉莉香，花期集中，花朵寿命仅 2 ~ 3 天，花瓣凋谢以后会长出一颗颗绿色的小果实。

（二）发育期

咖啡树从开花授粉到果实成熟需要 8 ~ 11 个月的时间，海拔越高、温度越低的产区，咖啡果发育所需时间越长。咖啡果起先是绿色，然后逐渐转成黄色，成熟后变为红色或绛红色。阿拉比卡种咖啡果成熟一般需要 8 ~ 10 个月；罗布斯塔种咖啡果要靠风力或昆虫传授花粉，从授粉到果实成熟要 9 ~ 11 个月时间，相对阿拉比卡种更长。

（三）采收期

咖啡果实成熟后要立刻采收，一般来说，从初期采收到采收结束，时间长达 4 ~ 5 个月。通常同一株树上会出现不同阶段的咖啡果实，将成熟与未成熟的果实同时摘取会降低咖啡的品质，因此采收工作耗时耗工。咖啡果采收分为人工采收和器械采收两种方式。由于人工采摘能得到高品质咖啡果，阿拉比卡种普遍用这种方式，但同时也增加了人力等成本；器械采摘在海拔较低、地势平缓的区域适用，采摘量大且人力成本较低，只是瑕疵豆较多，因此罗布斯塔种普遍使用此种方式采摘。

四、咖啡果的结构

咖啡种子在泥土中发芽的那一刻起，便开启了美妙的旅程，开花后经历了几个月的成长，樱桃般的咖啡果挂满枝头。一般咖啡果由外到内依次是外果皮、果肉、果胶、内果皮（羊皮低）、银皮、果核（种子）。

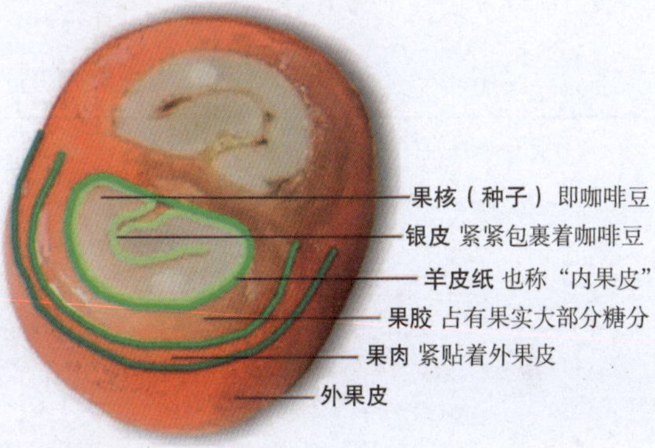

果核（种子）即咖啡豆
银皮 紧紧包裹着咖啡豆
羊皮纸 也称"内果皮"
果胶 占有果实大部分糖分
果肉 紧贴着外果皮
外果皮

图 1.3 咖啡果结构

（一）外果皮

外果皮是咖啡果最外面的部分，大部分由碳水化合物、粗蛋白、粗纤维等组成。

（二）果肉

从生物学的角度来说，咖啡的果肉属于果皮的一部分，所以又称为中果皮，咖啡果肉含有糖分以及酸质。

（三）果胶

咖啡果胶在果肉与内果皮之间，触感黏滑且难溶于水。果胶部分是咖啡果实中糖

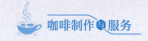

分含量最高的部分，其处理是咖啡发酵过程中的重要环节，通常被称为蜜处理。在蜜处理过程中保留的果胶越多，咖啡豆的发酵感就会越明显，甜感也会更突出。

（四）内果皮

内果皮是咖啡种子的种壳，又被称为"羊皮纸"，带着种壳的咖啡种子称为"羊皮纸咖啡"，在我国云南则称作"带壳豆"。在咖啡产地和咖啡生产国，以羊皮纸咖啡豆的形式储存是最主要的方式，这样能在运输中最大程度地保证咖啡生豆的品质。

（五）种皮

种皮也称为银皮，是种子外层的薄皮，其颜色和厚薄是区分咖啡品种的特征之一。

（六）果核

果核是咖啡的种子，一般一个咖啡浆果里包含两颗咖啡种子，呈平面具纵浅沟，称为平豆；个别浆果中只有一颗呈椭圆形的种子，称为圆豆。这些果核既可用来做咖啡树的种子，也可以加工成咖啡豆。

子任务 1

请介绍咖啡树的生长环境受哪些因素影响。

子任务 2

表 1.1　请画出咖啡果构造图，并指出其结构名称

【任务评价】

表1.2 咖啡树种植任务学习评价表

被评者		时间				地点		
评价项目	评价内容		分值	自评	互评	师评	得分	
任务准备 （10分）	资料查找学习的情况		5分					
	资料查找笔记、问题提出的情况		5分					
任务分解 （30分）	团队合作能力		15分					
	沟通和协调问题的能力		15分					
任务实施 （40分）	子任务1		20分					
	子任务2		20分					
笔记/问题 （20分）	笔记内容丰富，有重点勾画 有问题提出，并尝试找出解决方法		20分					
最终得分（自评30%+互评30%+师评40%）								
说明：测试满分为100分，合格：60~75分，良好：76~85分，优秀：86分以上。60分以下学生需要重新进行知识学习、任务训练，直到任务完成达到合格为止								

【分析总结】

表1.3 咖啡树种植任务过程总结表

任务过程	问题分析	解决方案

【能力拓展】 咖农的那些事

任务二　咖啡品种

【任务要求】

1. 能介绍咖啡三原种的相关情况

2. 能指出常见的阿拉比卡品种

【任务准备】

1. 自主预习本章节相关内容

2. 准备多品种咖啡生豆辨别其特征

3. 请根据本节任务要求分组讨论，并分解任务、找出实施方案

【任务实施】

＊知识链接＊

咖啡属的植物约有 40 种，能够生产出具有商业价值咖啡豆的仅有小粒种阿拉比卡、中粒种罗布斯塔、大粒种利比里卡，这三种被称为"咖啡三大原生种"。

阿拉比卡　　罗布斯塔　　利比里卡

图 1.4　咖啡豆三原种形态特征图

一、咖啡三大原生种

（一）阿拉比卡种（Coffee Arabica）

阿拉比卡种源自埃塞俄比亚的阿比西尼亚高原，其植株较矮，多为灌木；叶子呈椭圆形、深绿色；果实细小，呈椭圆形状，中线弯曲呈"S"形，又称小粒种咖啡。

阿拉比卡种大多位于南北回归线之间有高山地形的咖啡带，海拔高度在 800～2 000 米，且海拔越高，咖啡的品质会越好。该咖啡带有肥沃的土壤、充足的湿度、适当的日照和遮阴，以及适宜的生长温度（15～25 ℃）。阿拉比卡种抗病虫、霜害及干燥空气的能力较低，面对咖啡树天敌——叶锈病的抵抗力更弱，所以其种植管理成本都较高。

小粒种阿拉比卡咖啡豆多数为人工采摘，属于高品质的咖啡豆。其咖啡因含量较低，为 1.1%～1.7%，绿原酸含量为 5%～8%，因风味品质绝佳而被广泛种植。阿拉比卡种主要分布在南美洲巴西部分区域、中美洲、非洲的肯尼亚和埃塞俄比亚、亚洲的印度和也门等区域，其产量占据了全球咖啡产量的 75%～80%，像我们平常熟悉的铁皮卡、波旁、瑰夏等都属于阿拉比卡品种，其风味地域性特征明显，适合多种萃取技术制作。

（二）罗布斯塔种（Coffee Robusta Linden）

罗布斯塔种源自非洲刚果，是介于灌木和高大乔木之间的树种，最高可达 10 米。该品种树根浅、叶片长、果实饱满，豆型偏圆，中线呈"1"字状，被称作中粒种咖啡。

罗布斯塔种主要在印度尼西亚、越南和安哥拉等国家种植，生长适应能力极强，多种植在海拔 200～800 米的低地；对降雨量要求不高，喜温暖的气候，在 25～30 ℃的环境中都能生长。该品种生命力和抗病虫害能力强，容易种植、产量高，可通过机器大量采收。其咖啡因含量为 1.8%～4%，绿原酸含量为 7%～11%；风味较阿拉比卡种单一，但鲜明强烈，有独特的"罗布味"，多用于意式咖啡拼配、速溶和罐装咖啡等生产。

（三）利比里卡种（Coffee liberica）

利比里卡种源自西非海岸利比里卡的低海拔森林，咖啡植株高大，高达 6～20 米；树叶大，果实颗粒大，豆型瘦长，一头尖，中线呈"1"字状，被称作大粒种咖啡。

利比里卡种具有很强的适应能力，无论在高温或低温、潮湿或干燥等各种环境都能存活。但因其风味不佳、采摘困难，仅在西非部分国家，如利比亚、科特迪瓦等国内交易买卖，种植的规模较小，占全球产量的 2%～5%。该品种咖啡因含量约为 1.23%，有黑巧克力的厚重感和烟熏的香气；不过其不耐叶锈病，且风味较差，较少作商业用途。

二、常见的阿拉比卡品种

阿拉比卡是全球咖啡产业供给链最重要的咖啡豆原料之一，因其风味温和、咖啡因含量低、商业价值高等优点而被广泛传播种植，在传播中因基因突变、交配等原因，衍生出了很多的分支品种。

（一）铁皮卡（Typica）

铁皮卡也叫帝比卡，是茜草科咖啡属阿拉比卡种的古优品种。据说源自苏丹南部，在埃塞俄比亚兴起，公元 7 世纪左右在也门人工栽种成功，之后散播在美洲和亚洲，大量用于商业生产。

图 1.5　铁皮卡树叶及果实

铁皮卡种的咖啡树一般高 4～5 米，树枝呈水平生长，顶部叶子为古铜色，成熟果实为红色。树高不易采摘、抗病力差、极不耐叶锈病虫害、产量低，主要产地有夏威夷可那地区、牙买加、哥伦比亚部分地区以及古巴。铁皮卡衍生品种有苏门答腊铁皮卡、蓝山、可娜、肯特、象豆，风味有较高的醇厚度，带有黑巧克力韵、饱满平衡等特征。

（二）波旁（Bourbon）

波旁是由铁皮卡在留尼旺岛自然突变而来的品种，与铁皮卡同属现存最古老的咖啡品种之一，其产量比铁皮卡略高。波旁种的咖啡树高 4～5 米，树枝斜上方生长，嫩叶呈绿色，成熟果实大多为酒红色，也有一些变种呈黄色、橙色或粉色。

波旁存在多种区域分布和颜色突变，拉丁美洲的危地马拉、萨尔瓦多、洪都拉斯、秘鲁都有种植，萨尔瓦多主要生产黄色、橙色和红色波旁，哥伦比亚主要产粉红色波旁。波旁衍生品种有卡杜拉、帕卡斯、粉红波旁、黄波旁、摩卡、薇拉萨奇、SL-28、SL-34、尖身波旁等。

图 1.6　黄波旁和粉红波旁

（三）埃塞俄比亚原生种（Landrace）

咖啡的故乡埃塞俄比亚生长着许多野生品种，据不完全统计，目前有 1 万～1.5 万的原生种。这些野生品种均用涵盖很广泛的术语"埃塞俄比亚原生种"来统称，当地人把这些诞生在埃塞俄比亚咖啡森林的原生种称为"埃塞俄比亚传家宝"（Ethopia Heirloom）。

由此可见，埃塞俄比亚原生种并非单一豆种，而是很多豆种的合称。原生种大致分为两大类：区域性品种和 JARC 品种。区域性品种是指完全在野外生长的咖啡树；JARC 品种是由 Jimma 农业研究中心为抗病虫害和提高产量而研发的品种。总的来说，埃塞俄比亚原生种有着浓郁的花香和果香，辨识度较高，非常符合精品咖啡的潮流。其衍生品种有瑰夏、吉马、卡法、爪哇、罗姆苏丹等。

子任务 1

表 1.4　请根据学习资料写出并描述咖啡品种相关信息

信息 ＼ 品种	阿拉比卡种	罗布斯塔种	利比里卡种
发源地			
占世界产量			
咖啡因含量			
海拔范围			
抗病虫害			
风味特征			
主要用途			
主要生产国			

子任务 2

表 1.5　请在互联网查找以下咖啡类别相关信息

名称	品种来源	风味特征	主要产地
铁皮卡			
波旁			
卡杜拉			
SL-28/ SL-34			
瑰夏			
帕卡斯			
苏门答腊曼特宁			

【任务评价】

表1.6　咖啡豆品种任务学习评价表

被评者		时间				地点		
评价项目	评价内容			分值	自评	互评	师评	得分
任务准备 （10分）	资料查找学习的情况			5分				
	资料查找笔记、问题提出的情况			5分				
任务分解 （30分）	团队合作能力			15分				
	沟通和协调问题的能力			15分				
任务实施 （40分）	子任务1			20分				
	子任务2			20分				
笔记/问题 （20分）	笔记内容丰富，有重点勾画 有问题提出，并尝试找出解决方法			20分				
最终得分（自评30%+互评30%+师评40%）								
说明：测试满分为100分，合格：60～75分，良好：76～85分，优秀：86分以上。60分以下学生需要重新进行知识学习、任务训练，直到完成任务达到合格为止								

【分析总结】

表1.7　咖啡豆品种任务过程总结表

任务过程	问题分析	解决方案

【能力拓展】　民族咖啡豆正在崛起

项目二
咖啡生豆处理与分级

【项目描述】

咖啡从一粒种子到进入杯子，其间经过挑选品种、种植、照料、采收、处理、运送、烘焙、制作等多个环节，每一个环节都很重要，都会影响咖啡的风味。而咖啡生豆处理不仅直接影响烘焙师的烘焙方式，更是咖啡豆风味形成的关键。

我们购买咖啡时在包装袋上看到很多信息，如地理信息、种植信息、烘焙信息等，还有 AA、AB 、G1、SHB 等字母，这些代表什么含义？其实这些都是咖啡豆的等级标识，因产地划分标准不同，等级标识也不一致。但目前为止，全世界还没有一个通用的咖啡生豆分级方法，而咖啡生豆分级又为咖啡交易提供了重要的参考基准。

【项目目标】

能力目标	1. 能结合咖啡生豆处理法的相关知识向客人介绍咖啡的风味特征 2. 能正确辨识咖啡的等级信息
知识目标	1. 熟知咖啡生豆的处理方式及流程 2. 熟记常见的咖啡生豆分级标准
职业素养	养成勇于探索、不断进取的精神
思政融合	奋力追赶，努力创新

【项目资讯】 咖啡从种子到杯子的历程

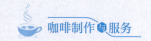

任务一　咖啡生豆处理

【任务要求】

1. 能描述咖啡生豆传统处理法的流程

2. 能介绍咖啡生豆常见处理法的风味特征

【任务准备】

1. 自主预习本章节相关内容

2. 准备常见处理法的咖啡生豆进行对比学习

3. 根据本节任务要求分组讨论，并分解任务，找出实施方案

【任务实施】

＊知识链接＊

一、咖啡生豆处理

把采收后的咖啡鲜果由外到内去除果皮、果肉、果胶层、内果皮（羊皮纸）和银皮的过程，称作"咖啡生豆处理"。不同的处理法会影响到咖啡的风味，经过处理后的咖啡生豆呈白色、翠绿色或黄色，烘焙后才会变成呈咖啡色的熟豆。

最传统的有日晒处理法、水洗处理法和蜜处理法；地域处理法有肯尼亚双重水洗法、巴西半水洗法、苏门答腊湿泡法、印度季风处理法等；近几年来，出现了越来越多新颖的处理法用来增添风味，如厌氧处理法、酒香处理法等。

二、咖啡生豆传统处理法

（一）日晒处理法

日晒处理法又称自然干燥法，是最传统的咖啡生豆处理方法，起源于咖啡发源地——非洲的埃塞俄比亚，多用于水源不足、常年阳光充足的地区，其关键在于适时翻动、均匀晒干，主要应用于巴西、埃塞俄比亚、印度尼西亚等国家。

日晒处理法包含采摘—挑选—筛选—干燥—去壳—储存七个阶段。人工或者机械采摘成熟果实后，需在 6～12 小时内进入处理流程：先是人工筛选出有缺陷的咖啡果实以及其他异物，然后再浮选，最后通过日晒直接把咖啡鲜果晒干到果皮、果肉、果胶、羊皮纸黏成一块，形成一个摇晃起来喱喱响的厚壳。传统日晒干燥通常将咖啡豆放在水泥地面、砖地面或者专用晒床上，干燥期间每天需要不停地翻动避免生霉，因此工作量大且容易遭受污染，且传统日晒咖啡豆风味复杂不可控、发酵味明显。精制日晒干燥则采用透气高架床，透气性好，咖啡豆风味复杂可控，干净度高。日晒干燥后的咖啡豆一般含水量在10%～12%，这个过程需要2～4周。干燥后的咖啡果实会被送到处理厂进行去皮脱壳，去除果皮果肉；去皮处理后的咖啡生豆需再次筛选，去除品相不好的咖啡豆，同时检测干燥达标程度——如果干燥过度、含水率低，会在去皮阶段会被打成碎屑；如果干燥不足、含水率高，则会出现霉豆。

表1.8 日晒处理法过程

流程	场景	过程描述
采摘		人工或者机械采摘成熟的果实
挑选		人工挑选未熟果实、虫蛀果实、瑕疵果实以及果实之外的异物，如石子等
筛选		筛选浮豆，将咖啡果实倒入水槽，成熟饱满的咖啡果实会沉入水槽底部，未成熟、残缺的果实会浮在水面

续表

流程	场景	过程描述
干燥		捞出沉在水槽底部的咖啡果实,铺在地面或者晒架上进行日晒干燥。在干燥期间每天要数次翻动,避免受潮,使咖啡果实均匀风干2~3周
		根据地区不同,在水泥地或者干燥架上晾晒咖啡鲜果,晒干到果皮、果肉、果胶、羊皮纸黏一块,形成一个摇晃起来哐哐响的厚壳,咖啡豆含水率下降到 10% ~12%
去壳		暴晒 15~30 天后,当种子外壳干硬了,就送到处理厂用脱壳机去除果皮
挑选分级		分级前需先进行瑕疵豆的挑选,分为人工挑选和机器挑选。人工挑选时会反复挑选好几次,直到看不到瑕疵豆为止;机器挑选是用计算机剔除瑕疵豆。剔除瑕疵豆后,按照标准将咖啡豆分成若干等级,并根据不同等级分别进入精选咖啡市场和商业咖啡市场

续表

流程	场景	过程描述
装袋	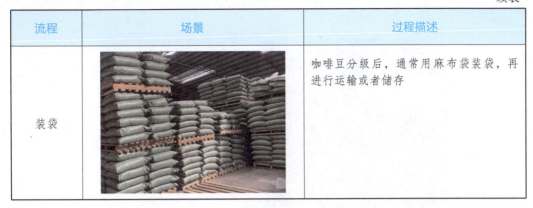	咖啡豆分级后，通常用麻布袋装袋，再进行运输或者储存

（二）水洗处理法

水洗处理法是 1740 年由荷兰人发明的，水洗处理法的关键是发酵池温度和发酵时间，水资源丰富的地区多使用此法，也是精品咖啡首选的处理法。主要在哥伦比亚、肯尼亚、哥斯达黎加、危地马拉、墨西哥、夏威夷等国家和地区使用。

水洗处理法有采摘—挑选—筛选—去皮—发酵—清洗—干燥—储存八个阶段。采用人工或者机械采收咖啡果，将其放入一个大水槽，浮选出发育不完全的劣质果，成熟饱满的咖啡果会沉入水底。将沉底的成熟咖啡果实捞出，用果肉筛除机去除咖啡果实的外果皮和果肉，留下包裹看果胶、内果皮和银皮的咖啡生豆，之后将其放在水槽中发酵 18~36 小时，利用生物处理法发酵溶解果胶。因发酵时有些杂质、发酵菌会附着在咖啡生豆上，发酵后需再次清洗咖啡生豆，这个环节会消耗掉大量的水。再将带壳豆平铺晒干，若在日照不足的情况下会用烘干机烘干，将含水率控制在 10%~14%，最后用脱壳机去除内果皮和银皮，筛选后储存。

表1.9 水洗处理法过程

流程	场景	过程描述
采摘		人工或者机械采摘成熟的咖啡果实

续表

流程	场景	过程描述
挑选		人工果挑选瑕疵果以及未熟果、虫蛀果、瑕疵果以及果实之外的异物，如石子等
筛选		通过浮选法筛选出饱满健康的咖啡果实，去除杂质、坏果、未熟果等
去皮		将筛选出的咖啡果实放入果肉筛除机，去除咖啡果实的外果皮和果肉，留下包着内果皮的咖啡生豆。
发酵		将带有果胶的咖啡生豆送到发酵池静置发酵18~36小时，通过微生物发酵分解生豆表面的果胶，发酵过程中咖啡豆内部会产生变化，这是形成咖啡风味的关键步骤

流程	场景	过程描述
清洗		将发酵完成的生豆放入清洗池，通过搅动去除其表面的果胶分解物，洗到光滑为止。清洗池要提供活水使用
干燥		清洗后的咖啡生豆根据密度再次筛选、分拣，然后立即干燥处理，如同日晒一样平铺在地面或者晒床自然干燥，部分产区为了快速出货也会使用干燥设备，这个过程需要 5 ~ 14 天，此时咖啡生豆的含水量下降到 10% ~ 14%
储存		干燥后的咖啡豆被称为带壳豆，带有羊皮纸的咖啡生豆送到仓库储存，出口前再进行脱壳处理

（三）蜜处理法

源于巴西的半水洗法，经哥斯达黎加等中美洲国家改良后成为蜜处理法，是中美洲咖啡常见的处理方式。其主要使用国家有哥斯达黎加、巴拿马、危地马拉、萨尔瓦多等。所谓蜜处理，就是指对带着果胶的咖啡生豆进行日晒干燥的处理。咖啡果在去除外层果肉后，剩下由黏稠胶状包裹的咖啡生豆，这个黏膜层（即果胶）也被称为"蜜"，根据果胶保留的多少进行分类，通常分为白蜜、黄蜜、红蜜、黑蜜四种。

蜜处理法有采摘—筛选—去皮—干燥—储存五个阶段。从采摘成熟的咖啡鲜果中，筛选出优质的咖啡果实，用果肉筛除机去除外果皮和果肉，留下果胶、内果皮和银皮进行干燥发酵。根据果胶保留量的不同，干燥程度和方式也有所不同：黄蜜是去除40%的果胶，持续日晒 8 天左右达到水分含量稳定值；红蜜是去除25%的果胶，相比黄蜜干燥时间更久，且为了减少暴晒，通常会用遮光棚，时长在 12 天左右；黑蜜几乎

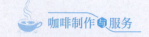

不去除果胶，为避免强光会多用遮盖物晾晒干燥，干燥时间大约 2 周，让糖分转化更充分，待干燥符合含水率标准后，收集装袋储存。

表 1.10　蜜处理法过程

流程	场景	过程描述
采摘		人工或者机械采摘成熟的咖啡果实
筛选		通过浮选法筛选去除杂质、坏果、未熟果等，挑选出成熟的咖啡果实
去皮		果肉筛除机去除咖啡果实的外果皮和果肉，保留果胶层
干燥		将带有果胶的咖啡生豆，铺在晒场进行日晒，约 15～25 天后，咖啡生豆的含水率可降到标准值
储存		干燥后的咖啡生豆会保留内果皮进行储存，直到出口时才脱去内果皮

子任务 1

表 1.11 请用思维导图梳理传统咖啡生豆处理法流程

子任务 2

表 1.12 通过互联网查找出咖啡生豆新型处理法及流程

新型处理法名称	流程

【任务评价】

表1.13　咖啡生豆处理法任务学习评价表

被评者		时间			地点		
评价项目	评价内容		分值	自评	互评	师评	得分
任务准备 （10分）	资料查找学习的情况		5分				
	资料查找笔记、问题提出的情况		5分				
任务分解 （30分）	团队合作能力		15分				
	沟通和协调问题的能力		15分				
任务实施 （40分）	子任务1		15分				
	子任务2		25分				
笔记/问题 （20分）	笔记内容丰富，有重点勾画		20分				
	有问题提出，并尝试找出解决方法						
最终得分（自评30%+互评30%+师评40%）							
说明：测试满分为100分，合格：60~75分，良好：76~85分，优秀：86分以上。60分以下学生需要重新进行知识学习、任务训练，直到完成任务达到合格为止							

【分析总结】

表1.14　咖啡生豆处理法任务过程总结表

任务过程	问题分析	解决方案

【能力拓展】　咖啡的特殊处理法

任务二　咖啡生豆分级

【任务要求】

1. 熟悉常见咖啡生豆的分级方式

2. 熟记常见咖啡生豆的分级标识

【任务准备】

1. 自主预习本章节相关内容

2. 搜集不同产地咖啡生豆包装信息、咖啡生豆分级筛网等

3. 请根据本节任务要求分组讨论，并分解任务，找出实施方案

【任务实施】

＊知识链接＊

咖啡果实经过初加工处理后就可以得到咖啡生豆了，咖啡生豆在装袋运输和储存前会被再次筛选、分拣、分级。因各自生产国的分级方式和品质评价标准不同，全世界咖啡生豆分级还没有一个共同的标准，这就是咖啡豆包装袋上的信息除了名称、产地、庄园、海拔等，还有诸如 AA、G1、SHB 之类的等级标识的原因。通过可数据化的咖啡生豆分级，有助于甄选出不同品质的咖啡豆，以满足消费者的需求。咖啡生豆是如何分级的？各国分级标准是什么？目前而言，可大致由按生豆尺寸、产地海拔以及筛网瑕疵豆比例这三个方面来进行。

一、按咖啡生豆的尺寸分级

采用筛网进行分级，筛网上的编号是规格，与筛孔大小有关。筛孔的大小单位是1/64 英寸，"目"是测量咖啡生豆颗粒大小的通用标准，1/64 英寸为 1 目，约 0.4 毫米孔径。如 17/64 英寸是指 17 目，约 6.75 毫米孔径，指咖啡生豆能通过 6.75 毫米大小的筛孔，大于这个尺寸则无法通过。通常将需要分级的咖啡生豆放到筛网上，用机器或者人工来回摇动，比筛孔尺寸小的咖啡生豆就会落下去；再用更小尺寸的筛网进行筛选，依此层层剔除筛选、编排等级，筛网数字越大代表咖啡豆尺寸越大。

使用筛网分级的国家有肯尼亚、哥伦比亚、坦桑尼亚、新几内亚、乌干达等，筛网分级有 AA、A、B、C、PB，AA 是最高等级，A、B、C 依次递减，C 等级因品质较差一般不用于商业流通，PB 是评价圆豆等级的。巴西也采用筛网分级，其等级标识不用字母，直接用目数，如 17、18、19 等。

1/64 inch	Mm	分级	中美洲及墨西哥	哥伦比亚	非洲及印度
20	8				
19.5	7.75	Very large			AA
19	7.5		Superior	Supremo	
18.5	7.25				
18	7	Large			A
17	6.75				
16	6.5	Medium	Segundas	Excelso	B
15	6				
14	5.5	Small	Terceras		C
13	5.25		Caracol		
12	5				
11	4.5	Shells	Caracolli		PB
10	4				
9	3.5		Caracolillo		
8	3				

图 1.7　咖啡生豆分级筛网　　　　图 1.8　咖啡生豆颗粒细分及各国家/地区等级转换

二、 按咖啡产地海拔高度分级

海拔通过气象要素如温度、光照、风速、雨量等对咖啡植株的生长和品质产生影响。在中南美洲、非洲中南部以及南亚和太平洋岛屿，这些 900 米以上的高海拔种植区为咖啡果提供了理想的生长条件。海拔越高，日夜温差越大，咖啡果生长越缓慢，其含糖量越高，豆质坚硬密实，咖啡醇浓芳香；反之海拔越低，咖啡果生长快速且果实越大，咖啡生豆密度小，品质差。

采用海拔分级的生产国有危地马拉、洪都拉斯、萨尔瓦多、墨西哥等中南美洲地区：危地马拉最高等级的咖啡豆为 SHB（Strictly Hard Beam），种植在海拔 1 350 米以上；墨西哥最高品质的 SHB 种植在海拔 1 700 米以上；萨尔瓦多和洪都拉斯的 SHB 也种植在 1 200 米以上的高海拔地区。

表 1.15　咖啡生豆按海拔及硬度分级

分级缩写	分级名称	海拔高度
SHB	Strictly Hard Bean（极硬豆）	1 400 m 以上
HB	Hard Bean（硬豆）	1 200 ~ 1 400 m
SH	Seml Hard Bean（稍硬豆）	1 100 ~ 1 200 m
EPW	Extra Prime Washed（特优质水洗豆）	900 ~ 1 100 m
PW	Prime Washed（优质水洗豆）	800 ~ 900 m
EGW	Extra Good Washed（特良质水洗豆）	600 ~ 800 m
GW	Good Washed（良质水洗豆）	600 m 以下

三、 按筛网及瑕疵豆比例分级

此方法是最早的分级方法，通常随机抽取参评咖啡豆样本 300 克，人工分拣出未熟豆、霉变豆、破损豆、虫蛀豆以及其他杂质等，按瑕疵的比例，辅以筛网大小进行分级。目前采用此类分级方法的主要生产国有埃塞俄比亚、牙买加、巴西等。牙买加把瑕疵豆比例作为分级的重要依据，严格控制瑕疵豆比例最大不超过 4%，同时结合产区、海拔以及筛网进行品质划分。巴西是世界上最大的咖啡豆生产国，采用瑕疵豆、筛网、杯评测试三重标准的分级方式，杯评测试是巴西咖啡生豆分级的特点之一。

埃塞俄比亚咖啡生豆分为 5 级，即 G1—G5，"G"代表 Grade，G1、G2 属于水洗豆分级，G3、G4、G5 是日晒豆分级，G4、G5 等级的咖啡豆用于大宗商品豆，一般不用作单品咖啡豆。

表 1.16　埃塞俄比亚咖啡生豆分级

等级	瑕疵率	瑕疵豆颗数
G1	300 g 咖啡豆瑕疵率 <3% 为精品咖啡豆	小于 3 颗
G2	300 g 咖啡豆瑕疵率在 4%～12%	4～12 颗
G3	300 g 咖啡豆瑕疵率在 13%～25%	13～25 颗
G4	300 g 咖啡豆瑕疵率在 26%～45%	26～45 颗
G5	300 g 咖啡豆瑕疵率在 46%～90%	46 颗以上

以上是几种常见的咖啡生豆分级方式，除此之外还有牙买加的栽培地分类、埃塞俄比亚的处理方式分类等多种分级方式。随着咖啡消费者对品质需求的不断提高及精品咖啡浪潮的推进，咖啡豆生产地也越来越重视种植过程中的优化和管理，力求生产出更多高品质的咖啡豆，在等级评价中获得更高的评级。

子任务 1

请介绍常见咖啡生豆分级方式。

子任务2

表1.17　请列举出咖啡主要生产国咖啡生豆等级标识

【任务评价】

表1.18　咖啡生豆分级任务学习评价表

被评者		时间			地点			
评价项目	评价内容			分值	自评	互评	师评	得分
任务准备 （10分）	资料查找学习的情况			5分				
	资料查找笔记、问题提出的情况			5分				
任务分解 （30分）	团队合作能力			15分				
	沟通和协调问题的能力			15分				
任务实施 （40分）	子任务1			20分				
	子任务2			20分				
笔记/问题 （20分）	笔记内容丰富，有重点勾画			20分				
	有问题提出，并尝试找出解决方法							
最终得分（自评30%＋互评30%＋师评40%）								
说明：测试满分为100分，合格：60～75分，良好：76～85分，优秀：86分以上。60分以下学生需要重新进行知识学习、任务训练，直到完成任务达到合格为止								

【分析总结】

表 1.19　咖啡生豆分级任务过程总结表

任务过程	问题分析	解决方案

【能力拓展】　咖啡生豆的选购技巧

咖啡烘焙

项目一
咖啡烘焙机的使用

【项目描述】

咖啡豆的烘焙从原始的石器烘烤、铁锅炒制到手摇密闭铁桶加热，发展到19世纪大型烘焙机的问世，更换的不仅是器具，更是一代代咖啡从业者孜孜努力、不断提高效率与品质的结果。咖啡豆烘焙是咖啡从种子到杯子过程中至关重要的一个环节，所以咖啡烘焙师的角色就显得极其重要。

咖啡烘焙不仅是一门技术、一门艺术，更是一门科学。随着咖啡烘焙机的科技化、智能化，咖啡烘焙师不只局限于会使用机器，还需要具备对咖啡生豆的辨识能力、杯测与配豆能力以及烘焙技术等，丰富的实践经验才能更好地把握咖啡生豆在烘焙的过程中发生的各种变化，将咖啡豆的特质发挥出来，从而帮助咖啡师萃取出更美味的咖啡，更好地展现每款咖啡的魅力。

【项目目标】

能力目标	1. 能正确使用咖啡烘焙机 2. 能辨识咖啡烘焙度
知识目标	1. 熟知咖啡烘焙机的类型及特点 2. 熟记咖啡烘焙度的八大类型特征
职业素养	养成乐观向上、坚韧不拔的精神
思政融合	挫折铸就坚韧的人生

【项目资讯】　咖啡烘焙机的前世今生

任务一　认知咖啡烘焙机

【任务要求】

1.认识咖啡烘焙机的结构及类型

2.熟悉咖啡烘焙机的特征

【任务准备】

1.自主预习本章节相关内容

2.请根据本节任务要求分组讨论，并分解任务、找出实施方案

【任务实施】

＊知识链接＊

一、咖啡烘焙的定义

咖啡烘焙是指通过对咖啡生豆的加热，将生豆转化成熟豆的过程。烘焙促使咖啡生豆内外部发生一系列的物理和化学反应，并在此过程中生成酸、苦、甘等多种味道，形成咖啡的醇度和色调。

在影响咖啡味道的因素中：40%源于农业（海拔、降水量、品种、采摘、处理方式等），30%源于烘焙（烘焙机的加热方式、拼配的技术、烘焙师的烘焙理念、曲线的精准控制等），20%源于科技（烘焙机的自动化精准控制、咖啡磨豆机的功能性、冲煮器具的功能性等），10%源于制作咖啡的人（咖啡师的技术、冲煮理论知识等）。

好的烘焙可以将生豆的个性发挥到极致，且最大限度地减少缺陷味道的出现，反之，不当的烘焙则会彻底毁掉优质生豆。由于咖啡生豆在烘焙过程中需要受热，时间、温度的控制非常难以把握，所以烘焙技术十分复杂，其重要性则显得更加突出！

二、咖啡烘焙机的结构

咖啡烘焙机的结构主要由烘焙炉膛、燃烧仓、控制面板、电气控制箱以及冷却盘和集尘箱等组成。为了更加环保和精准控制，还出现了有集成后置尾气燃烧器和热能回收系统的新型烘焙机。

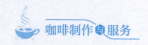

图2.1　咖啡烘焙机

1.下豆仓：咖啡生豆准备进入烘焙机前存放的地方。2.下豆闸门：烘焙准备开始的开关。3.烘焙炉膛：咖啡生豆在炉膛内进行加热烘焙的地方。4.滚筒轴承：确保烘焙机滚筒可以正常运转的部件，需要定期保养。5.豆堆热电偶：咖啡生豆在烘焙时温度会慢慢上升，是用来参考温度的工具。6.出豆闸门：烘焙准备结束的开关。7.冷却盘：烘焙完成后迅速冷却咖啡豆、停止化学反应的装置。8.冷却盘出豆闸门：用来放冷却好的熟豆。9.集尘箱：用来收集烘焙过程中产生的银皮、碎屑与灰尘的容器。10.取样勺：在烘焙时用来观察咖啡生豆颜色、大小变化和气味变化的工具。11.控制面板：在烘焙过程中，控制火力大小、转速、风压等一系列变量的总开关。12.烘焙室窗口：用来观察咖啡生豆在烘焙时发生颜色变化的地方。13.喇叭：用来发出警告，比如计时器到时间、产生错误报告等。14.紧急停止按钮：烘焙过程中需要紧急停止时的安全开关。15.数据线接口：可连接电脑软件。16.电源主开关：用来控制烘焙机是否通电。17.银皮收集器：用来收集烘焙过程中咖啡豆上脱落的银皮。18.电气控制箱：用来检查烘焙机电子元件的装置。19.后燃烧仓：通过燃烧器的燃烧高温加热空气，形成热风吹进炉膛的装置。

三、　咖啡烘焙机的类型

咖啡烘焙机的热能来源有电力、瓦斯（天然气）、柴油、炭火、高温水蒸气和太阳能6种。按加热方式划分，常见的咖啡烘焙机类型有3种，即热风式，直火式和半热风式。

（一）热风式

热风式的烘豆机利用鼓风机吸入空气，通过一个加热线圈使其温度升高，利用热风作为加热源来烘焙咖啡生豆。热风不但可以提供烘焙时所需要的温度，也可以利用气流的力量翻搅咖啡生豆，一举两得。热风式烘焙机是另开燃烧室，热风透过导管由滚筒后方与侧面送入，以强力高温热气流吹拂烘炉内的咖啡生豆，使豆子飞舞起来，是导热效果最佳、最省时的烘焙法。

（二）直火式

人类最早使用的咖啡烘焙方式就是直火式，即将咖啡生豆放进有孔的滚筒中，用火源烤热滚筒，再传热给滚筒内的咖啡生豆。因滚筒有小孔，炉火可以直接接触到豆子表面，通过翻搅滚筒让豆子受热均匀，用排气阀来调节热量。但这种方式火候不好控制，容易烤焦豆子，特别考验烘焙师的技术。

（三）半热风式

半热风式也叫半直火式烘焙，是目前商用咖啡烘焙机的主流类型。1907 年，德国 Perfekt 烘焙机开始使用煤气加热，用一个空气泵将热气一半带进滚筒内，一半带到滚筒外围加热。德国改良并制造的筒式烘焙机，其核心原理是将热空气带进烘焙滚筒中。滚筒以铁板包覆，由滚筒后方送进热风，豆子不直接接触火焰；再加上抽风和排风的设备，将烘焙容器外面的热空气导入烘焙室中提升烘焙效率，抽风设备还可将银皮吸出炉外，避免银皮在烘焙室里燃烧而影响咖啡豆的味道。

半热风式烘焙机通过对热风和烘焙室转速的调节来改变加热方式，热风开得越大、转速越快就越接近热风式，反之则接近直火式。滚筒与火焰的接触面无孔，看似密闭的滚筒，其实滚筒最里侧开有小孔，可引导热气流入炉，辅助滚筒的金属导热可让豆子烘焙得更均匀。

四、各类咖啡烘焙机的特点

表 2.1　热风式咖啡烘焙机的特点

类型：热风式		优缺点及对咖啡风味的影响
	优点	加热快、热效率高，咖啡生豆的受热较均匀、易控制
	缺点	烘焙速度太快，咖啡香气发展不完全或者会出现明显的酸涩味
	风味影响	酸度明显，干净度高，味道层次不丰富

表 2.2　直火式咖啡烘焙机的特点

类型：直火式		优缺点及对咖啡风味的影响
	优点	烘焙效率高且冷却快
	缺点	锅炉内热度不容易调整，烘焙不均匀，银皮不容易排除，常出现焦苦味
	风味影响	能很好表现咖啡风味和香气，醇厚度高，口感顺滑

表 2.3　半热风式咖啡烘焙机的特点

类型：半热风式		优缺点及对咖啡风味的影响
	优点	烘焙效率高且冷却快
	缺点	比热风机均匀度低，比直火烘焙效率低
	风味影响	味道清新明亮，浓厚度较高，干香及湿香散发效果好

子任务1

表 2.4　请结合实训室的咖啡烘焙机写出以下内容

类型	加热方式

子任务 2

表2.5　请观察实训室的咖啡烘焙机

类型	外部特征结构

【任务评价】

表2.6　咖啡烘焙机工作原理任务学习评价表

被评者		时间			地点		
评价项目	评价内容			分值	自评	互评	师评	得分
任务准备 （10分）	资料查找学习的情况			5分				
	资料查找笔记、问题提出的情况			5分				
任务分解 （30分）	团队合作能力			15分				
	沟通和协调问题的能力			15分				
任务实施 （40分）	子任务1			20分				
	子任务2			20分				
笔记/问题 （20分）	笔记内容丰富，有重点勾画 有问题提出，并尝试找出解决方法			20分				
最终得分（自评30%+互评30%+师评40%）								
说明：测试满分为100分，合格：60~75分，良好：76~85分，优秀：86分以上。60分以下学生需要重新进行知识学习、任务训练，直到完成任务达到合格为止								

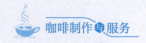

【分析总结】

表 2.7　咖啡烘焙机认识任务过程总结表

任务过程	问题分析	解决方案

【能力拓展】　咖啡烘焙机日常清洁与维护

任务二　使用咖啡烘焙机

【任务要求】

1. 能规范使用咖啡烘焙机

2. 能熟练辨认和挑选咖啡瑕疵豆

【任务准备】

1. 自主预习本章节相关内容

2. 准备多种瑕疵豆、生豆检测仪

3. 请根据本节任务要求分组讨论，并分解任务、找出实施方案

【任务实施】

＊知识链接＊

一、　检测咖啡生豆

咖啡生豆检测有咖啡豆品种、处理方式、新鲜度、含水率、密度、大小、瑕疵豆等相关参数。

商业流通的咖啡豆品种主要有阿拉比卡种和罗布斯塔种，这两种豆子在形状上容易区分：罗布斯塔豆型略圆，种子凹槽呈直线；阿拉比卡豆型呈长椭圆形，种子凹槽呈波浪形。

　　咖啡生豆是否新鲜可通过包装上的生产日期来判断，也可通过杯测和冲泡检测。咖啡生豆存放时间太久，其口感和水果的芳香便不复存在，剩下的只有陈旧的纸板味和木头味。

　　咖啡生豆含水率的高低也影响着烘焙的各项参数。一般食药监都是按照国际、国家或者行业标准进行检测。针对咖啡生豆，我国目前使用的是 2006 年农业部颁布的行业标准，其中规定其含水率应小于 12%；而生豆烘焙时的最佳含水率为 11%～13%。

图 2.2　咖啡豆烘焙四合一检测仪

　　咖啡生豆的密度是咖啡烘焙时的重要参数，咖啡生豆密度代表咖啡豆重量与体积的比例。咖啡生豆的大小不均或密度不同，都将影响烘焙方案的各项参数。所以为了保证品质，通常先将咖啡生豆分级，再将不同密度和大小的咖啡生豆单独进行烘焙。有专业检测咖啡生豆的检测仪，在一般情况下也可以通过观察生豆中缝线的形状做初步判断：如果中缝线较直且略微张开，则说明豆子的密度不大；如果中缝线弯曲且闭合则说明豆子的密度较大。

　　咖啡生豆在采摘过程中有生熟不均、瑕疵豆等杂质的混入，为了保证咖啡烘焙的品质，烘焙前对瑕疵豆的挑选筛除是必不可少的。常见咖啡生豆瑕疵豆有以下种类。

表 2.8　咖啡生豆瑕疵豆种类

瑕疵豆种类	特征	原因	风味影响
带壳豆	咖啡内果皮覆盖在咖啡果肉内侧	水洗处理法的残留物	烘焙时特性差，造成咖啡酸涩
发霉豆	有明显的绿斑霉点	干燥不完全或者运输中受潮	造成咖啡有霉臭味

续表

瑕疵豆种类	特征	原因	风味影响
发酵豆	豆子表面斑驳，不易辨认	因水洗发酵浸泡过长或者仓库堆放有细菌附着	造成咖啡有腐臭味
死豆	容易分辨	非正常结果的豆子	造成咖啡有出现异味
未熟豆	干瘪易辨认	在成熟前被采摘的咖啡果实	造成咖啡有腥膻味
贝壳豆	豆子中线破裂，内侧像贝壳翻出	干燥不良或者杂交异常	造成烘焙不均匀，深烘容易着火
虫蛀豆	明显的蛀洞，易辨认	咖啡果实成长过程中被幼虫啃食	造成咖啡液浑浊，有怪味

续表

瑕疵豆种类	特征	原因	风味影响
 黑豆	因腐败表面呈黑褐色	成熟后掉落地面时间较长而发酵变黑	有腐臭味，造成咖啡液浑浊
瑕疵豆的检测通常将咖啡豆放在黑白两个不反光的托盘上对比辨认			

二、咖啡烘焙机的操作

咖啡烘焙机款式多样，烘焙方式灵活多变，操作步骤也各有不同。所以咖啡烘焙技术是一个在实践中逐步探索、学习的过程，并咖啡师需根据不同的机型、咖啡豆、客户需求以及相关情况来找到合适的烘焙法。下面以半热风式烘焙机为例介绍操作过程。

表2.9　半热风式烘焙机的操作过程

过程	图例	操作说明
开电源		先检查电源开关是否归零，再打开电源让滚筒转动
暖机		打开燃烧器，调节至预热档位的火力

续表

过程	图例	操作说明
放豆入仓		确认滚筒的烘焙豆出口已关闭，将咖啡生豆放入盛豆器
放豆入滚筒		达到预热温度后，将咖啡生豆放入滚筒内
调整制气阀 调整燃烧器		先把火力调至弱火，调整制气阀为蒸焙模式，其开度控制在四分之一到三分之一之间
		4分钟后将制气阀调至全开或接近全开，使滚筒内的碎屑排出
		约1分钟后将制气阀又调回四分之一开度
		将燃烧器调至烘焙火力，观察咖啡豆颜色，听咖啡豆的爆裂声
取样观察		取样观察咖啡颜色，当烘焙度达到设置状态时可停止烘焙

过程	图例	操作说明
打开冷却装槽		打开冷却装置开关，让烘焙好的豆子落入冷却槽
冷却咖啡豆		观察温度，等待咖啡豆冷却至常温后关闭电源，倒出咖啡豆
注意事项	①在升温过程中要适时观察温度表的变化速度，调整合适的风力进一步拉高温度，直到一爆、二爆或达到合适的烘焙度时，立即关闭火源 ②在加热过程中，风力不能降低至使咖啡豆只有轻微跳动或者无法跳动的程度，否则会烧毁风机	

三、 咖啡烘焙机操作的关键

（一）暖机

将咖啡烘焙机锅炉预热，通过提前升温达到预设温度的过程称之为"暖机"。烘焙机的基本入豆温度是以 200 ℃为基准，所以必须先让锅炉的温度可以稳定在 200 ℃以上；风门设为最大，暖机时间是 30～45 分钟，45 分钟之后温度到达 200～210 ℃时，暖机算完成。

（二）调节风阀

烘焙机中的风阀是控制鼓风机引入自然的空气流动，能够在烘焙锅内部进行调节的装置。烘焙时，通过调节风阀控制空气流动，再根据生豆状态调控合适的热源，使生豆受热均匀。

（三）出仓冷却

冷却是咖啡烘焙的最后关键环节，及时冷却可以更好地锁住咖啡豆的风味。未经冷却的咖啡豆易产生煳味；在室温中自然冷却的咖啡豆则易香味和韵味不足，甚至发

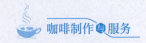

涩。通常是咖啡豆烘焙到选择的烘焙度或温度时，就可以出仓冷却了。

子任务1

表 2.10　请根据提供的咖啡生豆挑选出瑕疵豆，并记录其特征

瑕疵豆名称	特征描述

子任务2

表 2.11　请根据提供的咖啡生豆进行咖啡烘焙实践练习

烘焙过程	过程描述　图例

【任务评价】

表 2.12　咖啡烘焙操作任务学习评价表

被评者		时间				地点		
评价项目	评价内容			分值	自评	互评	师评	得分
任务准备 （10分）	资料查找学习的情况			5分				
	资料查找笔记、问题提出的情况			5分				
任务分解 （30分）	团队合作能力			15分				
	沟通和协调问题的能力			15分				
任务实施 （40分）	子任务1			20分				
	子任务2			20分				
笔记/问题 （20分）	笔记内容丰富，有重点勾画			20分				
	有问题提出，并尝试找出解决方法							
最终得分（自评30%+互评30%+师评40%）								
说明：测试满分为100分，合格：60～75分，良好：76～85分，优秀：86分以上。60分以下学生需要重新进行知识学习、任务训练，直到完成任务达到合格为止								

【分析总结】

表 2.13　咖啡烘焙操作任务过程总结表

任务过程	问题分析	解决方案

【能力拓展】　咖啡烘焙师的一天

项目二
咖啡烘焙的品控

【项目描述】

大多数消费者对咖啡烘焙度的认识还仅仅停留在浅烘、中烘、深烘 3 个模糊的概念上，而咖啡烘焙度其实是有很详细的划分的，同一种咖啡在不同烘焙度下展现的风味大不相同。咖啡烘焙是要把咖啡生豆的风味特征最大限度地展现出来，而不是仅凭咖啡烘焙师的个人喜好。所以每次烘焙后都需要对产品进行品质检测，以确保咖啡烘焙的一致性和稳定性。

【项目目标】

能力目标	1. 能描述咖啡烘焙度 8 个阶段的特征 2. 能使用 RoAmi 检测仪 3. 能进行咖啡杯测
知识目标	1. 熟知咖啡烘焙度 8 个阶段的特征 2. 熟悉咖啡杯测的准备工作 3. 熟知咖啡酸、甜、苦、咸、鲜五种基本味道
职业素养	养成主动积极、敢于担当的精神
思政融合	新时代青年担当精神

【项目资讯】 咖啡烘焙与咖啡杯测

任务一　认识咖啡烘焙度

【任务要求】

1.能描述咖啡烘焙度8个阶段的特征

2.能正确辨别咖啡烘焙度

【任务准备】

1.自主预习本章节相关内容

2.准备咖啡焙色度仪、咖啡烘焙度色卡

3.请根据本节任务要求分组讨论，并分解任务、找出实施方案

【任务实施】

＊知识链接＊

一、 咖啡烘焙度

美国精品咖啡协会（SCAA）的"Agtron"法将咖啡烘焙度分为8个阶段，即极浅烘焙、肉桂烘焙、中度烘焙、深度烘焙、城市烘焙、深城市烘焙、法式烘焙以及意式烘焙。

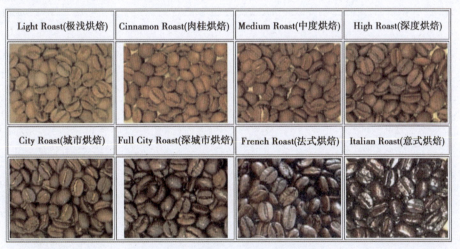

图 2.3　咖啡烘焙度的8个阶段

表 2.14　极浅烘焙（Light Roast）

豆表	淡肉桂色
温度	188~192 ℃
焦糖化数值	95 左右
爆点状态	一爆起，花斑明显
风味特征	浓厚的青草味，酸突出、涩明显、醇度薄，口感、香气不足，常常用于实验，不作饮用

表2.15　肉桂烘焙（Cinnamon Roast）

豆表	肉桂色
温度	193～202 ℃
焦糖化数值	85 左右
爆点状态	一爆中（密集）
风味特征	无青涩味，略带植物类及花草香气，酸度强，常用于美式咖啡的烘焙

表2.16　中度烘焙（Medium Roast）

豆表	栗子色
温度	203～212 ℃
焦糖化数值	75 左右
爆点状态	一爆完成
风味特征	酸活泼、苦适中、香气适中，均衡感最佳，常用于美式咖啡和拼配咖啡的烘焙

表2.17　深度烘焙（High Roast）

豆表	浅红褐色
温度	212～220 ℃
焦糖化数值	65 左右
爆点状态	一爆结束后与二爆之间
风味特征	酸苦均衡，略带甜味，喉韵有苦感，醇度高，香气风味均佳，余韵饱满

表2.18　城市烘焙（City Roast）

豆表	红褐色
温度	220～225 ℃
焦糖化数值	55 左右
爆点状态	二爆初
风味特征	苦明显，酸微弱，口感饱满圆润，能较好释放咖啡中的优质风味，为标准的烘焙度，也是大众喜欢的烘焙程度

表2.19　深城市烘焙（Full City Roast）

豆表	深褐色、点状出油
温度	225～230 ℃
焦糖化数值	45 左右
爆点状态	二爆密集
风味特征	苦味突出，酸感不明显，黑巧克力、黑糖、香料类的余韵强劲持久，层次感强，是中南美洲咖啡豆常用的烘焙度，多用于冰咖啡的调制

表2.20　法式烘焙（French Roast）

豆表	黑褐色、表面出油
温度	230～235 ℃
焦糖化数值	35 左右
爆点状态	二爆结束
风味特征	苦味浓重，酸感淡无感觉，浓郁的黑巧克力感和烟熏香气，在法国最为盛行

表2.21　意式烘焙（Italian Roast）

豆表	黑色、如油浸
温度	235～240 ℃
焦糖化数值	25 左右
爆点状态	二爆结束
风味特征	苦味强劲，有焦煳味，化学类物质的浓烈气息、香料味、焙烤味、烟熏味突出，风味复杂强烈，流行于拉丁美洲国家

二、咖啡烘焙度的辨别

（一）咖啡烘焙度对比色卡

随着精品咖啡概念的提出，咖啡行业在技术上、品控上快速发展，SCAA 推出了咖啡烘焙色卡作为参考，在一定程度上使咖啡烘焙度有了比较明确清晰的认定。咖啡烘焙过程变化较快，在实际烘焙操作中还需要从视觉上去关注豆子的开褶程度、一爆时中缝的开裂程度以及豆表颜色的均匀度等。

（二）仪器测试

随着科技化、智能化的发展，也有专为咖啡烘焙度测试设计的光学

仪器，如咖啡烘焙色度仪 RoastSee C1 采用的 VIS+NIR 多光谱融合测量技术，测量稳定、数值精准。

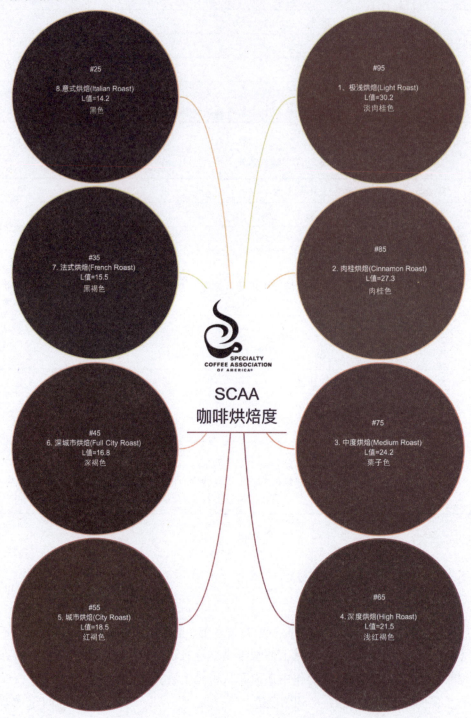

图 2.4　咖啡烘焙度色卡

图 2.5　咖啡烘焙色度仪

　　除了以上通过色卡和仪器去辨别咖啡烘焙度外，还可以用更直接的方式就是"喝"，这种方式在咖啡行业也称为"品鉴"或者"杯测"。可先按照不同烘焙度的豆子风味进行尝试，也可按照相同豆子不同烘焙度的风味进行尝试，从烘焙度对比较大的开始比较，对照系统化的参考慢慢建立品鉴数据。

　　子任务 1

表 2.22　请根据提供的咖啡豆描述烘焙状态及特征

咖啡豆	烘焙状态及特征

子任务2

表2.23　请根据提供的咖啡豆辨别其烘焙度

咖啡豆	烘焙度

【任务评价】

表2.24　咖啡烘焙度检测任务学习评价表

被评者		时间			地点		
评价项目	评价内容			分值	自评	互评	师评	得分
任务准备 （10分）	资料查找学习的情况			5分				
	资料查找笔记、问题提出的情况			5分				
任务分解 （30分）	团队合作能力			15分				
	沟通和协调问题的能力			15分				
任务实施 （40分）	子任务1			20分				
	子任务2			20分				
笔记/问题 （20分）	笔记内容丰富，有重点勾画 有问题提出，并尝试找出解决方法			20分				
最终得分（自评30%＋互评30%＋师评40%）								
说明：测试满分为100分，合格：60～75分，良好：76～85分，优秀：86分以上。60分以下学生需要重新进行知识学习、任务训练，直到完成任务达到合格为止								

【分析总结】

表 2.25　咖啡烘焙度检测任务过程总结表

任务过程	问题分析	解决方案

【能力拓展】　咖啡烘焙曲线记录

任务二　使用咖啡杯测

【任务要求】

1. 熟知咖啡杯测前的准备工作

2. 熟记咖啡杯测步骤

3. 熟悉咖啡风味轮

【任务准备】

1. 自主预习本章节相关内容

2. 准备杯测相关的器具和物品、咖啡风味轮图、杯测评价表

3. 请根据本节任务要求分组讨论，并分解任务、找出实施方案

【任务实施】

＊知识链接＊

无论是咖啡师、咖啡烘焙师还是消费者，了解杯测，学会用这项技能，都有助于丰富我们的咖啡体验，更快、更准确地找到每款咖啡豆的魅力。

一、 咖啡杯测准备

为了更好地体验杯测，在杯测前需要我们做好一些个人状态、物品器具、环境等准备。个人方面要保持口腔的干净，身上无香水等香精物质干扰嗅觉，同时多训练啜吸动作，学习杯测表评分项要求；因杯测采用盲测，杯测前需要给样品编码；称量好豆粉，确定水粉比例。

表2.26　咖啡杯测工具

工具	说明
杯具	推荐瓷杯或玻璃杯，容量在 207 ~ 266 毫升
杯测勺	圆形深底，容量 8 ~ 10 毫升
水	干净无异味，总溶解固体（Total Dissolved Silds，TDS 值）最佳范围在 1.15%—1.35%，萃取率为 18%—22%
计时器	准确记录，咖啡粉浸泡时间 3 ~ 5 分钟
咖啡豆样品	咖啡样品是烘焙后的第 3 ~ 5 天
烧水壶	至少两个
研磨机	杯测前校正研磨度
电子秤	精确到 0.1 克

二、 咖啡杯测步骤

1. 研磨咖啡粉：准备好 3～5 个杯测碗，将研磨好的咖啡粉倒入碗中。

2. 闻干香气：俯身去嗅咖啡粉的干香气，研磨后的咖啡粉香气散发快，要快速闻香，记住香气尽量用咖啡风味轮的描述。

3. 注水：将热水依次注入杯测碗，水温 93 ℃ 左右，注水时水流要能使咖啡粉翻滚但不溢出碗口。

4. 闻湿香：注水后，立即俯身去闻被热水浸泡后的咖啡香气。

5. 破渣：注水后计时 4 分钟闷蒸，用杯测勺推动粉层 3 次破渣，不要过度搅动。此时能再次感受到咖啡粉飘出来的香气，大部分的香气物质会随着热水蒸气释放出来，此时的湿香气是最为浓烈的，我们把湿香气感受作为杯测中湿香评定的主要依据。

图 2.6　杯测碗、杯测勺

6. 捞渣：在 2 分钟内要迅速把杯测碗里的咖啡漂浮物和泡沫捞出，达到液面干净。

7. 品尝。

第一次品尝：杯测勺捞取少量液体，轻轻放入口中感受下咖啡液体温度，避免直接啜吸导致温度太高烫伤。温度适宜后，再次捞取适量咖啡液体，啜吸品尝，辨识咖啡样品的风味（flavor）、余味（aftertaste）并记录。

图 2.7　闻干香

　　第二次品尝：待咖啡温度降低一些后，进行第二次啜吸，辨识并记录咖啡样品的酸感（acidity）、口感（body）和平衡度（balance）。

　　第三次品尝：待咖啡液体降至接近室温，进行第三次啜吸，辨识并记录咖啡样品的一致性（uniformity）、干净度（cleancup）和甜感（sweetness）。

图 2.8　注水

图 2.9 闻湿香

填写杯测评价表：啜吸时依据咖啡杯测评分表及时填写。

图 2.10 破渣

图 2.11　捞渣

图 2.12　品尝

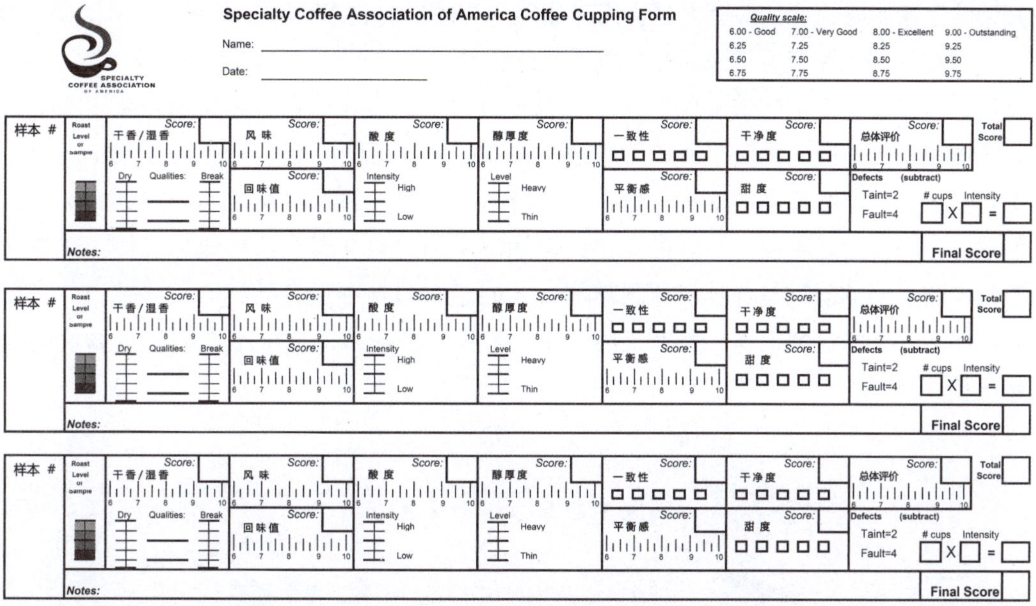

图 2.13　SCAA 咖啡杯测评价表

三、　咖啡风味轮

人们在日常生活中的感官知觉主要有视觉、听觉、嗅觉、触觉、味觉，而其中最基本的味觉有酸、甜、苦、咸、鲜 5 种，味觉因个人灵敏度原因感受强弱也不一致。味蕾是味觉的感受器，主要分布在舌尖、舌背、舌两侧、口腔的颚以及咽部，味蕾受到物质味道的刺激将信息传递到大脑味觉中枢产生味觉。人们在品尝咖啡时能直观地感知到酸、苦、甜、咸、鲜，但对风味的描述比较笼统。由咖啡品质研究所（CQI）开发的咖啡风味轮，用于描述和记录咖啡口感及味道，被广泛用于咖啡品质评估和咖啡师的培训中。

咖啡风味轮分为三个环，分别代表了咖啡的不同层次和味道特征。内环：代表了咖啡的基本味道和口感，包括了咖啡的甜味、酸味、苦味等；中环：代表了咖啡的特定风味和香气，如花香、水果味等；外环：代表了咖啡的复杂风味和深度，例如烟熏味、焦糖味等。

在品尝咖啡时，舌根两侧容易感受到酸感，因人们对咖啡酸味道的认知和接受度不同，喜好也就不一样，而咖啡师在制作时要将咖啡愉悦的酸感表现出来，并引导人们理解这种酸味。咖啡的甜味源于蔗糖成分，蔗糖含量的多少与咖啡风味呈正相关，成熟的咖啡果子蔗糖含量高甜度高，未成熟的咖啡果子则反之甜度较低。咖啡生豆的蔗糖成分在烘焙中发生焦糖化反应，焦糖化反应是感知甜味的重要因素，咖啡熟豆中含有约 17% 的焦糖，使得咖啡味苦中带甘甜。人们对甜味感知的部位较多，但舌尖对甜的感知是最敏感的，有时也会在口腔或者喉咙处有回甘的感觉。咖啡的甜容易受到

其他味道的影响，比如酸感太强会掩盖甜感，而适当的酸感能增强甜感。

咖啡的苦味源于生豆中的绿原酸、葫芦巴碱、奎宁酸、以及深焙产生的焦糖化苦、烘焙缺陷以及冲泡不当带来的。在品尝咖啡时舌根、喉咙处容易感受到苦味。咖啡的咸味源于咖啡中的矿物质，所以咖啡液中的咖啡咸味无处不在，只是常被咖啡的酸甜味强掩盖，萃取浓度高、萃取不足或深烘焙的咖啡豆，都更容易让人感知到咸味。我们通常把咖啡的咸味视为不好的味道，但咖啡中的甜味会弱化这种咸味。鲜味就是谷氨酸味道，鲜的前提是咖啡豆原料新鲜，才能感知到咖啡豆各品类的风味魅力。一杯好的咖啡在于味道的平衡，特别是酸、甜、苦味的平衡，才会带给人们舒适愉快的饮用体验。

图 2.14　咖啡风味轮

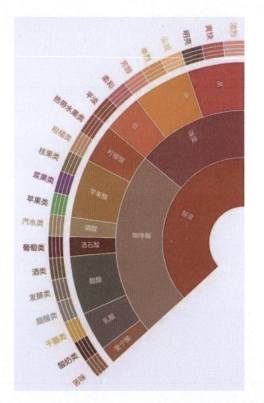

图 2.15　咖啡风味轮

子任务1

表 2.27　请根据咖啡样品进行咖啡杯测，并记录下过程

过程	过程记录

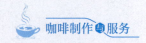

子任务2

表2.28　请根据咖啡风味轮描述杯测咖啡

咖啡名称	风味描述

【任务评价】

表2.29　咖啡杯测任务学习评价表

被评者		时间				地点	
评价项目	评价内容			分值	自评	互评	师评	得分
任务准备 （10分）	资料查找学习的情况			5分				
	资料查找笔记、问题提出的情况			5分				
任务分解 （30分）	团队合作能力			15分				
	沟通和协调问题的能力			15分				
任务实施 （40分）	子任务1			20分				
	子任务2			20分				
笔记/问题 （20分）	笔记内容丰富，有重点勾画 有问题提出，并尝试找出解决方法			20分				
最终得分（自评30%+互评30%+师评40%）								

说明：测试满分为100分，合格：60～75分，良好：76～85分，优秀：86分以上。60分以下学生需要重新进行知识学习、任务训练，直到完成任务达到合格为止

【分析总结】

表 2.30 咖啡杯测任务过程总结表

任务过程	问题分析	解决方案

【能力拓展】 世界咖啡烘焙师大赛

咖啡研磨

项目一
咖啡研磨机的使用

【项目描述】

研磨对于咖啡萃取来说至关重要，而针对不同的萃取方式，咖啡研磨的粗细决定了水接触咖啡粉的时间长短和面积大小。咖啡研磨得越细，粉层就越密实，水与咖啡接触的时间就越长，面积也越多，萃取率就越高，容易出现过度萃取的情况。反之，咖啡研磨得越粗，粉层间隙越大，水与咖啡接触的时间就越短，接触面积也就越少，萃取率也就越低，容易出现萃取不足的情况。所以，进行研磨机的调试也是咖啡师每天必做的工作之一。

【项目目标】

能力目标	1. 能正确使用咖啡研磨机 2. 能根据咖啡信息调整合适的研磨度
知识目标	1. 认知不同咖啡研磨机的研磨特点 2. 理解研磨对咖啡萃取的影响
职业素养	养成诚实守信的品质
思政融合	争做一名品行兼备的人

【项目资讯】 咖啡研磨机发展史

任务一　认识咖啡研磨机

【任务要求】

1.熟悉咖啡研磨机的类型及主要用途

2.熟知各类咖啡研磨机刀盘的特点

【任务准备】

1.自主预习本章节相关内容

2.准备咖啡研磨机

3.请根据本节任务要求分组讨论，并分解任务、找出实施方案

【任务实施】

＊知识链接＊

一、 咖啡研磨机类型

（一）手摇磨豆机

一般的手摇磨豆机是固定外刀盘和把手，透过中轴转动内刀盘，这种中轴与内刀盘的制作工艺非常重要；或者是固定内刀盘，用把手转运外刀盘，这样相对不容易晃动，也能把中轴空间让给咖啡豆。

表3.1　常见手摇磨豆机

常见机型	性能说明
手摇入门级——Hario	铸铁磨芯，易拆卸、易清洁、尺寸小巧。安装时磨芯磨盘必须保留一定间隙，调节片调节咖啡粉粗细，先调试好调节片后，把固定器、螺丝、螺帽依次按顺序归位，使用起来略吃力，适合用于单品咖啡豆的研磨

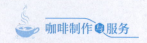

续表

常见机型	性能说明
手摇进阶款——Porlex mini	磨心采用不锈钢 CNC 精密加工而成，确保研磨精确稳定。机体内部有双支架搭配双轴承对中轴进行固定，研磨均匀，细粉很少，坚固耐用，适合用于单品咖啡豆的研磨

（二）电动磨豆机

表3.2　常见电动磨豆机

常见机型	性能说明
电动入门级——小飞鹰	铸铁平刀磨豆机，8 挡研磨度，单次最大容量在 250 克。时间长了会出现较多细粉，适合用于单品咖啡豆的研磨
电动进阶款——大飞鹰	鬼齿磨盘，电机转速更快，豆仓更大，研磨均匀，适合用于单品咖啡豆的研磨

续表

常见机型	性能说明
 电动豪门级——EK43	平刀磨豆机，刀盘大，研磨速度快，刀盘是98毫米，转速可达到1 480 rpm，不到2秒就可研磨出10~20克豆子。能帮助一些浅烘焙密度硬的咖啡豆研磨出更多的细粉，提升萃取率，适合用于单品咖啡豆和意式咖啡豆的研磨
 意式咖啡研磨机——迈赫迪磨豆机	商用意式研磨机，平刀磨盘，8挡商用刻度盘，可无极微调和单手调节研磨度，独立锁定装置，1.2千克超大豆仓，适合用于意式咖啡豆的研磨

　　单品咖啡豆指单一原产地、单一品种的咖啡豆，意式咖啡豆又称拼配咖啡豆，是多产区混合的咖啡豆。

　　电动磨豆机按照冲煮方式一般会分为意式磨豆机和单品磨豆机两种，两者最大的区别在于研磨度。意式咖啡的冲煮时间一般在20~30秒，而单品咖啡的冲煮时间大多在2分钟左右，所以意式咖啡的研磨度会比单品咖啡的细很多。

二、咖啡研磨机刀盘类型

　　因为刀盘的不同设计导致的研磨原理不尽相同，会使得研磨后的咖啡粉在萃取时有不同的表现，所以在咖啡研磨机的选购和使用上没有最好的，只有合适的。

表 3.3　咖啡研磨机刀盘类型

刀盘类型	特点	风味影响
 平刀刀盘	上下两片刀盘平行置放，当设备启动时，转动上下刀盘产生切削的作用。研磨时，依靠咖啡豆的重力挤压进上下刀盘之间，因而它有两个特点：粒径范围大，细粉多	平刀冲出来的味道通常比较明亮、香气明显、层次比较多，杂味相对过多
 锥形刀盘	锥刀的下刀盘呈锥形，上刀盘包裹在锥形刀盘的外侧，主要靠结构自然形成的拉拽作用，而不是像平刀的重力挤压作用产生研磨	细粉比例小很多，形状颗粒使得萃取通过率高，萃取时间快，萃取率相对较低
 鬼齿刀盘	鬼齿的刀盘上面不像平刀和锥刀的纹路是波纹状的很有规律，而是设计了许多凹凸不平的突起，导致研磨后的形状呈圆形颗粒	鬼齿的颗粒呈圆形，表面相对光滑，萃取的速度和时间又比锥刀相对更慢更长，萃取率也更高

子任务 1

表 3.4　请观察辨别实训室咖啡研磨机的类型及匹配的咖啡豆

研磨机	类型

子任务 2

表 3.5　请使用咖啡研磨机按刻度研磨咖啡粉，并记录每个刻度的粗细等特征

研磨机类型	刻度粗细记录

【任务评价】

表 3.6　咖啡研磨机任务学习评价表

被评者		时间		地点			
评价项目	评价内容		分值	自评	互评	师评	得分
任务准备 （10 分）	资料查找学习的情况		5 分				
	资料查找笔记、问题提出的情况		5 分				
任务分解 （30 分）	团队合作能力		15 分				
	沟通和协调问题的能力		15 分				
任务实施 （40 分）	子任务 1		20 分				
	子任务 2		20 分				
笔记/问题 （20 分）	笔记内容丰富，有重点勾画 有问题提出，并尝试找出解决方法		20 分				
最终得分（自评 30%＋互评 30%＋师评 40%）							
说明：测试满分为 100 分，合格：60～75 分，良好：76～85 分，优秀：86 分以上。60 分以下学生需要重新进行知识学习、任务训练，直到完成任务达到合格为止							

【分析总结】

表3.7　咖啡研磨机任务过程总结表

任务过程	问题分析	解决方案

【能力拓展】　咖啡研磨机的选购

任务二　使用咖啡研磨机

【任务要求】

1. 理解咖啡豆研磨的含义

2. 熟知咖啡研磨机对应的粗细状态特征

3. 能规范熟练地使用咖啡研磨机

【任务准备】

1. 自主预习本章节相关内容

2. 准备咖啡研磨机、咖啡熟豆、筛粉器、盐、糖等工具和材料

3. 请根据本节任务要求分组讨论，并分解任务、找出实施方案

【任务实施】

＊知识链接＊

一、　咖啡研磨

咖啡豆的研磨是通过研磨机将豆子磨成粉的过程，咖啡粉的粗细影响萃取咖啡时水接触咖啡的时间长短和面积大小，进而影响到咖啡的风味。咖啡的研磨不仅仅是调

整粗细这么简单，不同的烘焙程度、萃取工具以及萃取方式等都将影响最终的研磨状态。

二、咖啡研磨度

咖啡粉的粗细关系到咖啡萃取时物质释放的多少，是影响咖啡整体口感的关键因素，是咖啡师调整萃取方案时优先考虑的因素。理想的研磨状态应是：咖啡质地均匀、粗细一致、萃出率达到最佳，咖啡风味、明亮感、甜感、干净度、平衡感等都会最佳；相反，粒径分布范围越广则可能是造成咖啡味道苦涩、酸涩、明亮感不足、不够干净等问题。

通常咖啡粉的粗细可以目测，也可以借用筛粉器、激光粒径分析仪、咖啡粉粗细对比卡条等工具作为研磨时的一个参考。咖啡研磨的粗细受影响的因素较多：如豆子的硬度、咖啡器具、萃取方案等。在业内比较公认用杯测作为对咖啡品质的检测，杯测时的研磨度是以 20 号筛网通过率 70% ~ 75% 为参考。但在实际的操作中还需要根据实际情况选择合适的研磨度，以更好地展现咖啡的风味。

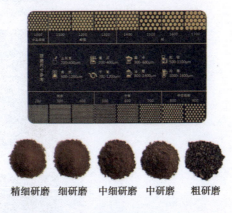

精细研磨　细研磨　中细研磨　中研磨　粗研磨

图 3.1　咖啡粉粗细对比卡

盖子

隔离杯

细粉杯

图 3.2　咖啡筛粉器

表3.8　咖啡研磨度

研磨度	状态描述	状态特征
细度研磨	有细砂感	![细度研磨] 细度研磨
中细度研磨	颗粒大小如精制细砂糖，市售研磨咖啡多属于此种研磨粒度	![中细度研磨] 中细度研磨
中度研磨	颗粒大小介于精制细砂糖和粗粒砂糖之间	![中度研磨] 中度研磨
粗度研磨	颗粒大小如粗粒砂糖	![粗度研磨] 粗度研磨

三、　咖啡研磨机的使用

步骤一：准备工作。

布置咖啡研磨机工作台面，检查电源及研磨机通电情况，清洗研磨机，准备好咖啡豆、电子秤等。

图 3.3　咖啡研磨机区域的准备工作

步骤二：调磨。

咖啡师每天首先做的一个工作就是对咖啡研磨机进行调磨。因咖啡豆受时间、天气、温度等影响，萃取咖啡液前咖啡师需要不断调整研磨度，找到待研磨咖啡豆的最佳研磨度数。通常先在豆仓投入咖啡豆，确定一个研磨大致方向后，启动研磨机约 10 秒后取出研磨出的咖啡粉，观察粉末状态是否合适后，再按照设定的萃取参数萃取咖啡液，根据测试的口感和风味再调整具体的研磨度数。

步骤三：研磨咖啡豆。

结合调磨参数及豆子相关信息研磨咖啡豆，通过萃取品尝再次确认研磨度，如果品尝咖啡液有杂质或者不适口等感觉，可再进行微调，直到最佳。

图 3.4　咖啡研磨机刻度盘

图 3.5　研磨咖啡豆

步骤四：清洁。

研磨机使用过程中会产生一些细微的粉末，所以咖啡粉研磨后要及时清洁咖啡研磨机及周边杂质，以保证咖啡研磨机在使用时不会因内部残留杂质而影响咖啡风味。

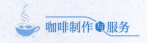

子任务1

表3.9　请选择一款咖啡豆进行研磨，并记录不同研磨度的触感特征

咖啡豆	研磨机	研磨度	触感

子任务2

表3.10　分组分角色练习咖啡研磨机的使用，并记录操作情况

咖啡研磨机使用	请记录使用时的规范性、安全性、卫生性相关情况

【任务评价】

表3.11　咖啡研磨机使用任务学习评价表

被评者		时间		地点			
评价项目	评价内容		分值	自评	互评	师评	得分
任务准备 （10分）	资料查找学习的情况		5分				
	资料查找笔记、问题提出的情况		5分				
任务分解 （30分）	团队合作能力		15分				
	沟通和协调问题的能力		15分				
任务实施 （40分）	子任务1		20分				
	子任务2		20分				
笔记/问题 （20分）	笔记内容丰富，有重点勾画 有问题提出，并尝试找出解决方法		20分				
最终得分（自评30%＋互评30%＋师评40%）							
说明：测试满分为100分，合格：60～75分，良好：76～85分，优秀：86分以上。60分以下学生需要重新进行知识学习、任务训练，直到完成任务达到合格为止							

【分析总结】

表 3.12　咖啡研磨机使用任务过程总结表

任务过程	问题分析	解决方案

项目二
咖啡研磨与萃取

【项目描述】

咖啡研磨是咖啡萃取的关键因素之一，也是直接影响咖啡风味的重要因素。咖啡豆通过研磨成粉后，可以使其更好地萃取出可溶解物质；同时粉末表面积增大，会加速与空气的接触与氧化，所以提倡现磨现冲。因咖啡萃取器具、萃取方式、咖啡豆类别以及咖啡豆烘焙程度的不同，对咖啡研磨有着不同的要求，根据具体情况匹配不同的咖啡研磨机，才可以更好地帮助萃取过程。

【项目目标】

能力目标	1. 能熟悉金杯萃取在咖啡制作中的运用 2. 能根据咖啡豆信息选择合适的研磨度
知识目标	1. 理解咖啡萃取的含义 2. 熟悉金杯萃取浓度和萃取率 3. 熟知研磨与萃取的关系
职业素养	养成注重细节、安全第一的意识
思政融合	以人为本，健康安全放首位

【项目资讯】 咖啡研磨对萃取的影响

任务一　单品咖啡研磨与萃取

【任务要求】

1. 理解咖啡萃取的含义

2. 熟悉金杯萃取及运用

3. 熟悉单品研磨与萃取的关系

【任务准备】

1. 自主预习本章节相关内容

2. 准备单品研磨机、单品咖啡豆

3. 请根据本节任务要求分组讨论，并分解任务、找出实施方案

【任务实施】

＊知识链接＊

一、　咖啡萃取

咖啡熟豆中含有水溶性化合物，以及许多其他化合物。咖啡萃取指的是水通过咖啡粉的时候，将其中的可溶性物质释放出来的过程。

咖啡熟豆能被萃取出来的水溶性化合物占熟豆重量的 28%～30%，其余的 70% 属于无法溶解的纤维质。而一杯美味的咖啡，咖啡最佳萃取率为从这部分水溶性化合物中萃取 60%～70%，小于 60%（18% 以下萃取率）即萃取不足，咖啡风味将呈现风味不完整；而大于 70%（22% 以上萃取率）则过度萃取，咖啡将呈现苦、涩、尖锐感等味道。在咖啡行业单品咖啡萃取通常以精品咖啡协会（SCA）的金杯萃取做参考标准。

二、　金杯萃取

金杯萃取是一个科学的理论，最早是由 MIT 食品科学博士洛克哈特（Dr. Lockchart）所组织的科学研究提出，并被美国精品咖啡协会（SCAA）推广。

美国国家咖啡协会的咖啡冲泡委员会（Brewing Committee）协助洛克哈特博士向美国民众随机取样，归纳出美国消费者偏好的咖啡萃取率区间在 17.5%～21.2%，浓度区间在 1.04%～1.39%，这是最初的"金杯准则"。之后专家们在多次杯测实践后，又将萃取率区间上调到 18%～22%，浓度区间调整为 1.15%～1.35%，该标准在 2017 年美国精品咖啡协会（SCAA）与欧洲精品咖啡协会（SCAE）合并为精品咖啡协会（SCA）后，成为 SCA 金杯萃取标准。

"金杯准则"是大众平均偏好的萃取率与浓度，参照"金杯准则"来调整萃取率与浓度，能符合绝大多数咖啡消费者的喜好和口味。就市场而言，一杯咖啡是否好喝，取决于咖啡消费者们的选择与评价。

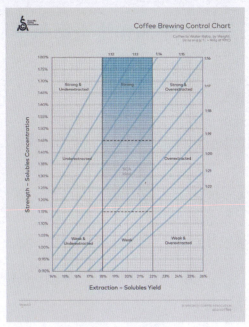

图3.6　金杯萃取

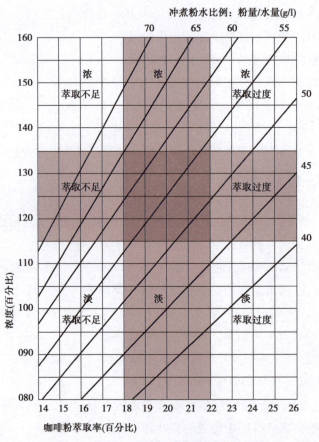

图3.7　咖啡冲煮控制图

（1）咖啡浓度

咖啡浓度是咖啡成分的重量占咖啡液体总重量的百分比。金杯萃取中咖啡的最佳浓度为1.0%～1.5%，但这一浓度标准在各个国家有所不同。我们可以通过浓度测试仪得到浓度数值，也可以按照浓度的计算公式：浓度＝萃出滋味物重（克）÷咖啡液容量（毫升）。以滤泡式咖啡为例，浓度低于1.15%（即11 500 ppm）时，滋味太稀，水味太重；高于1.55%（即15 500 ppm）时，则滋味太重，难以入口。

（2）咖啡萃取率

咖啡萃取率是指咖啡豆萃取出来的可溶解物质占咖啡粉重量的比例。金杯萃取中咖啡的最佳萃取率为18%～22%，计算公式为：萃取率＝可溶物质重量÷咖啡粉重量。萃取过度，即萃出率超过22%，易有苦咸味与咬喉感；萃取不足，即萃取率小于18%，易有呆板的尖酸味与青涩感。

纵轴——"咖啡浓度"是指从咖啡粉里萃出的物质重量占咖啡液总重量的比率；是指溶解在咖啡液中的固体总量（TDS）的比重，浓度越高，TDS的含量越多。反映在口感上，浓度与厚重感、单薄感直接相关——浓度强醇厚度就高，浓度低就淡，水感明显。通常浓度用专业测试仪更准确。

横轴——"咖啡萃取率"是指从咖啡粉里萃出的物质重量占咖啡粉总重量的比率。红色斜线——"粉水比"是制作一杯咖啡所用咖啡粉重量与水的重量的比率。

三、　单品咖啡研磨与萃取

通过使用小飞鹰磨豆机实践观察到，刻度调整到#3～#3.5时浓度适中，最适合手冲；如果调粗到刻度#4，会出现萃取率太低的情况。以#2.5来研磨浅焙、中焙和中深焙咖啡豆时，黏稠感与滑顺感强，但烟质感、锁喉感也明显，而调到刻度#3较合适些；如果以#3来研磨深焙豆，有可能太浓苦，如果调到#2.5，萃取率会比#3高，萃取时不好把握。

烘焙度较浅的咖啡，萃取率较低，宜以稍细研磨；烘焙度较深的咖啡，宜以中粗研磨较佳。影响单品咖啡风味萃取的因素很多，粗细度的调整很难有一个放诸四海而皆准的标准，只有根据具体情况不断优化。表3.13是咖啡店常用咖啡研磨机的刻度与风味间的关系描述。

表3.13　常用单品咖啡研磨机特征描述

器型	刻度	烘焙度	口感
小富士	#4.5	适合深焙豆	适合淡口味或降低深焙豆的焦苦味
	#3.5～#4	适合浅焙、中焙或中深焙豆	浓淡适中
	#3	不适合深焙豆	重口味

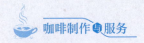

续表

器型	刻度	烘焙度	口感
小飞鹰	#4	适合深焙豆	适合淡口味或降低深焙豆的焦苦味
	#3～#3.5	适合浅焙、中焙或中深焙豆	浓淡适中
	#2.5	不适合深焙豆	重口味
正晃行 m520a	#4	适合深焙豆	适合淡口味或降低深焙豆的焦苦味
	#3～#3.5	适合浅焙、中焙或中深焙豆	浓淡适中
	#2.5	不适合深焙豆	重口味
国产小富士"小钢炮"	#4	适合深焙豆	适合淡口味或降低深焙豆的焦苦味
	#3～#3.5	适合浅焙、中焙或中深焙豆	浓淡适中
	#2.5	不适合深焙豆	重口味

子任务1

表3.14　根据实训室咖啡研磨机进行不同粗细的研磨，并描述其风味特征

研磨机类型	刻度	风味特征

子任务2

表3.15　请结合你冲泡咖啡的参数算出咖啡液的萃取率、浓度

咖啡名称	刻度	萃取率	浓度

【任务评价】

表 3.16　单品咖啡研磨与萃取任务学习评价表

被评者		时间		地点			
评价项目	评价内容		分值	自评	互评	师评	得分
任务准备 （10分）	资料查找学习的情况		5分				
	资料查找笔记、问题提出的情况		5分				
任务分解 （30分）	团队合作能力		15分				
	沟通和协调问题的能力		15分				
任务实施 （40分）	子任务1		20分				
	子任务2		20分				
笔记/问题 （20分）	笔记内容丰富，有重点勾画 有问题提出，并尝试找出解决方法		20分				
最终得分（自评30%＋互评30%＋师评40%）							
说明：测试满分为100分，合格：60～75分，良好：76～85分，优秀：86分以上。60分以下学生需要重新进行知识学习、任务训练，直到完成任务达到合格为止							

【分析总结】

表 3.17　单品咖啡研磨与萃取任务过程总结表

任务过程	问题分析	解决方案

【能力拓展】　咖啡品控的重要性

任务二　意式咖啡研磨与萃取

【任务要求】

1.熟悉意式咖啡研磨机的结构

2.能正确使用意式咖啡研磨机

3.熟悉意式咖啡研磨与萃取的关系

【任务准备】

1.自主预习本章节相关内容

2.准备意式咖啡机、意式咖啡研磨机、意式咖啡豆

3.请根据本节任务要求分组讨论，并分解任务，找出实施方案

【任务实施】

＊知识链接＊

一、意式咖啡研磨机结构

意式磨豆机主要是靠电动机带动两件式刀盘的其中一个刀盘，以旋转的方式来切削咖啡豆，上下刀盘的间距决定了研磨的粗细度。意式研磨机因品牌、设计理念等不同而各有特色，图3.8以意式磨豆机 Fiorenzato 弗伦萨多 F83E 研磨机为例介绍其结构。

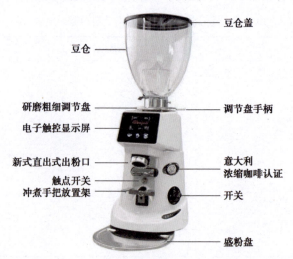

图 3.8　Fiorenzato 弗伦萨多 F83E 研磨机

二、意式咖啡研磨机的使用

不同的磨豆机有不同的调节刻度盘，所以应仔细阅读咖啡磨豆机的使用说明，清楚刻度盘的方向和力度大小。调磨时，只需要对刻度盘做非常小的调整，通常每次调

整在刻度 3 毫米以内，就可以改变粉末的粗细程度。

步骤一：检查咖啡研磨机通电情况，按开关键清理咖啡研磨机的通道及余粉。

步骤二：在阀门关闭的情况下将咖啡豆放到豆仓，根据意式咖啡豆的特性初设一个研磨度。之后，通过摸粉，观察意式浓缩咖啡液的萃取时间、流速、颜色，通过对咖啡口感特征的测评，不断调整研磨度直至达到理想状态。

步骤三：清洁意式咖啡研磨机及周边，布置意式研磨时需要用到的物品。

三、意式咖啡研磨与萃取

（一）意式咖啡研磨的调整思路

意式磨豆机的调试需重点把握好出粉量和研磨度这两个变量，这两个变量是相互影响的，改变其中一个变量时，另一个也会发生改变。

普通的意式磨豆机会根据预先设置的出粉量，调整磨豆机的研磨和出粉时间，磨豆机调整出粉量的根据是时间而非重量。因此，在调整出粉量时，每次调整幅度应在 0.2～0.3 秒，调整出粉量之后要通过实际萃取检测咖啡的品质是否符合出品要求。

调整意式磨豆机最难的环节是调整研磨参数，参数改变时磨刀之间的距离会相应变化，而这一距离的变化会直接影响到磨豆机的出粉量，即研磨和出粉的时间。

（二）意式咖啡研磨与萃取

意式咖啡研磨与萃取的关系可以通过实践来判断，我们可以设定实践标准：取 18 克咖啡粉量，粉水比为 1∶2，时间在 25 秒左右，萃取液 36 克。根据实践观察到：如果粉太粗就会导致水流通过粉碗太快，水流粗，萃取浅，颜色偏白，风味偏尖酸；如果粉太细，首先会堵塞滤孔，水流不出或者水柱偏细，油脂颜色深，萃取过度；如果萃取时间长，还会造成表面过萃，里面萃取不足，表现为因为甜味不足而味道尖酸，然后焦苦，涩嘴。

图 3.9　意式咖啡研磨与萃取关系

子任务 1

表 3.18　分组练习意式咖啡研磨机的操作，并记录操作情况

意式咖啡研磨机使用	规范性、卫生性、安全性

子任务 2

表 3.19　请描述意式研磨状态与萃取的关系

意式咖啡研磨度	浓度

【任务评价】

表 3.20　意式咖啡研磨与萃取任务学习评价表

被评者			时间			地点		
评价项目	评价内容		分值	自评	互评	师评	得分	
任务准备 （10 分）	资料查找学习的情况		5 分					
	资料查找笔记、问题提出的情况		5 分					
任务分解 （30 分）	团队合作能力		15 分					
	沟通和协调问题的能力		15 分					
任务实施 （40 分）	子任务 1		20 分					
	子任务 2		20 分					
笔记/问题 （20 分）	笔记内容丰富，有重点勾画 有问题提出，并尝试找出解决方法		20 分					
最终得分（自评 30%＋互评 30%＋师评 40%）								
说明：测试满分为 100 分，合格：60～75 分，良好：76～85 分，优秀：86 分以上。60 分以下学生需要重新进行知识学习、任务训练，直到完成任务达到合格为止								

【分析总结】

表 3.21　意式咖啡研磨与萃取任务过程总结表

任务过程	问题分析	解决方案

【能力拓展】　意式浓缩萃取调整

项目一
单品咖啡的制作

【项目描述】

有关单品咖啡的说法和定义有很多种，其中被广泛认可的是：它由单一产地或者单一品种的咖啡豆制作而成。单品咖啡可追溯与之相关的原产地信息，如生产国、产区、土壤、海拔以及庄园等，区别于传统的黑咖、清咖。

为了更好表现单品咖啡豆明显的地域风味特征，烘焙程度通常选择为浅度、浅中度、中度或者中深度，萃取方式多采用滤泡、滴滤等。制作后直接饮用，能更好地感受不同产区咖啡豆的风味，以及不同方式制作同一产区咖啡豆的不同口感。

【项目目标】

能力目标	1. 能正确使用手冲壶、爱乐压壶以及冰滴壶制作咖啡 2. 能向客人介绍单品咖啡的基本信息及风味特征
知识目标	1. 熟悉手冲壶、爱乐压壶以及冰滴壶制作咖啡的方式及要点 2. 熟知咖啡萃取的影响参数及调整方法
职业素养	养成协同合作、共同进步的精神
思政融合	团结协作、勇攀高峰的精神

【项目资讯】 单品咖啡 & 精品咖啡 & 拼配咖啡

任务一 手冲壶制作咖啡

【任务要求】

1. 能指出各种滴滤杯和手冲壶的外观特征

2. 能做好手冲壶操作前的相关准备

3. 能使用手冲壶制作咖啡，并关注其影响因素

【任务准备】

1. 自主课前预习本章节相关内容

2. 准备手冲壶、滤杯、滤纸、咖啡研磨机、单品咖啡豆等工具和材料

3. 请根据本节任务要求分组讨论，并分解任务、找出实施方案

【任务实施】

* 知识链接 *

一、 滴滤杯类型

在冲泡单品咖啡时，大多数咖啡店都选用手冲壶。不仅因手冲壶使用方便，还因滴滤杯不同的设计能带来多样化的风味呈现，随着精品咖啡的推广，手冲咖啡也因此受到了咖啡师和消费者的青睐。

手冲咖啡的迷人之处在于，滤杯的材质、形状、滤孔、导流槽、肋骨、孔洞及材质等的差别，会对咖啡风味产生明显的影响。咖啡滤杯按形状分为锥形滤杯、扇形滤杯和蛋糕滤杯；按材质分为陶瓷、铜制和树脂；按滤杯孔数分为单孔、双孔、三孔和多孔。

表4.1 常见滴滤杯的种类

滴滤杯类型	代表性滤杯	特点
锥形滤杯		旋涡状的纹路设计，分层集中易于萃取；螺旋纹肋骨和大圆孔引导水流、提高流速，萃取咖啡风味层次丰富

续表

滴滤杯类型	代表性滤杯	特点
扇形滤杯		三孔设计不易堵塞，上宽下窄且上方呈圆形的设计使咖啡粉分布均匀不易堆叠，肋骨直线设计增加排气和水流速度，流速较慢，萃取的咖啡醇厚度高
平底滤杯		又称为蛋糕杯，杯底平，采用三孔或者多孔设计，粉层更加均匀，水流渗入匀速，小孔设计使咖啡粉和水接触充分，萃取的咖啡口感平衡、甜度高

二、手冲壶的类型

手冲咖啡是通过水柱冲击咖啡粉层达到萃取效果的，水流的粗细和稳定性等因素会影响咖啡的口感。如果想手冲咖啡控水更好，对于大多数人来说，选择一把设计合理的手冲壶是关键。好的手冲壶在设计上要具备以下几点：一是出水管的壶嘴要宽，出水管的尾段要尖，上粗下细才能使注水时有穿透力；二是壶底要宽，才能保证注水时水压和水流的稳定；三是出水管的设计要有调大调小的功能；四是壶量最好在 0.6 ~ 1.0 升；五是材质和设计上要有保温功能，因为手冲咖啡时间通常在 2 ~ 4 分钟内结束，期间水的温差尽量控制 2 ℃以内。

表 4.2　常见手冲咖啡壶

手冲壶名称	手冲壶形状	特点
Bonavita 博纳维塔控温手冲壶		壶嘴尖，可以很稳定地给到细水流；出水管粗细刚刚好，调节水流大小更灵活；自带温度计的烧水壶，可以精准控制想要的水温；还自带计时功能，真切做到控制制作咖啡所需的各种水温环境

续表

手冲壶名称	手冲壶形状	特点
hario 云朵手冲壶		水流控制稳定，流速可大可小，手柄处云朵形的曲面在拿握时较为省力，可搭配 hario V60 滤杯
Kalita POT 900 铜壶		水流细且稳定，加大水量时，水流的冲击力很强

三、手冲壶制作咖啡准备工作

（一）操作台准备

操作台应遵循使用习惯和拿取方便的原则布置，需要准备的有手冲壶、滤杯、分享壶、研磨机、滤纸、电子秤、温度计、筛粉网、杯子、抹布等工具与材料，并做好操作前器皿、杯具等的清洁工作，根据制作参数做好调磨、烧水等准备工作。

图 4.1　手冲咖啡操作台物品准备

（二）制作参数

为了达到更好的萃取效果，需要在萃取前确认咖啡豆的烘焙度、烘焙时间、处理方式等信息，再设计不同的冲泡参数，比如研磨度、水温、粉水比以及冲泡手法等。

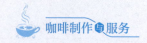

表4.3　手冲壶制作咖啡参数建议

手冲壶制作咖啡参数	
主要参数	建议
烘焙度	因手冲咖啡是滴滤式萃取咖啡液，建议选择浅烘及中烘的咖啡豆
研磨度	咖啡颗粒的粗细影响萃取物质的多少以及咖啡风味，建议一般为幼砂糖、细砂糖大小，用20号筛网通过率80%即可
水温	手冲的温度要根据咖啡的烘焙程度等因素调整，温度在88~92℃为宜
粉量	根据滤杯的大小和人数的多少而定，在10~20克调整
粉水比	是咖啡粉和冲煮用水的比例，影响咖啡的浓淡问题，可根据口感调节。闷蒸的粉水比为1∶2，总的粉水比在1∶（10~16）调节
时间	从注水开始到注水结束，包括闷蒸时间及注水萃取时间，一般在2~4分钟
手法	可根据烘焙度选择不同的方式，常见的有分段式、一刀流、火山冲等

四、 手冲咖啡制作步骤

表4.4　手冲咖啡分段式操作步骤

分段式冲泡步骤		
步骤	图例	要领
烧水备用		根据咖啡豆信息将水烧到适合的温度，保温待用
折叠滤纸		沿滤纸的折缝折叠，放入滤杯

续表

步骤	图例	要领
打湿滤纸		用热水湿淋滤纸，使其贴合滤杯，同时去除纸味
研磨咖啡粉		现磨现冲，根据咖啡豆信息选择不同的研磨度，并用筛粉器筛掉细粉
投咖啡粉		将现磨咖啡粉倒入滤杯，并拍平
第一次注水（闷蒸）		从中心点开始，由里到外绕圈的方式注水，闷蒸的给水要轻柔、快，粉层膨胀呈面包状时停止
第二次注水		闷蒸粉层下落开始第二次注水，从中心点开始以小水柱绕圈进行，水要有穿透力

续表

步骤	图例	要领
第三次注水		在第二次水位下降中心点有凹陷时给水，注水力度加大，使咖啡颗粒翻滚，避免堵塞而产生杂味
出品		将冲泡好的咖啡液倒入咖啡杯
清洁台面		及时清洗手冲壶、滤杯并清洁台面

子任务1

表4.5　分段式手冲咖啡操作训练

任务单	请分组练习分段式手冲，并结合操作步骤做好过程记录	
任务项目	任务内容	过程记录
操作前准备	1. 操作台物品清单 2. 萃取方案	
知识点准备	1. 闷蒸原理 2. 粉水比换算	
操作步骤	1.折叠滤纸 2.打湿滤纸 3.研磨咖啡粉 4.注水闷蒸 5.注水萃取 6.出品	

子任务2

表4.6　根据视频资料自主学习一刀流和火山冲制作咖啡，分组操作并记录过程

任务单	根据视频资料自主学习一刀流和火山冲制作咖啡
一刀流	操作过程： 操作要点：
火山冲	操作过程： 操作要点：

【任务评价】

表4.7　手冲壶制作咖啡任务学习评价表

被评者		时间		地点			
评价项目	评价内容		分值	自评	互评	师评	得分
任务准备 （10分）	资料查找学习的情况		5分				
	资料查找笔记、问题提出的情况		5分				
任务分解 （20分）	团队合作能力		10分				
	沟通和协调问题的能力		10分				
任务实施 （40分）	子任务1		20分				
	子任务2		20分				
作品评价 （20分）	成品外观及风味口感		20分				
笔记/问题 （10分）	笔记内容丰富，有重点勾画 有问题提出，并尝试找出解决方法		10分				
最终得分（自评30%＋互评30%＋师评40%）							
说明：测试满分为100分，合格：60~75分，良好：76~85分，优秀：86分以上。60分以下学生需要重新进行知识学习、任务训练，直到完成任务达到合格为止							

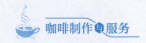

【分析总结】

表4.8　手冲壶制作咖啡任务过程总结表

任务过程	问题分析	解决方案

【能力拓展】　世界咖啡冲煮大赛（WBrC）

任务二　爱乐压壶制作咖啡

【任务要求】

1.能指出爱乐压壶组件的名称及其用途

2.能做好爱乐压壶操作前的相关准备

3.能使用爱乐压壶正、反式制作咖啡

【任务准备】

1.自主课前预习本章节相关内容

2.准备爱乐压壶及配件、单品咖啡研磨机、单品咖啡豆等工具和材料

3.请根据本节任务要求分组讨论，并分解任务、找出实施方案

【任务实施】

＊知识链接＊

爱乐压（AeroPress）是斯坦福大学机械工程讲师艾伦·艾德乐（Alan Adler）发明的，由美国 AEROBIE 公司于 2005 年正式发布，有易于操作、出品高效且稳定等优点。爱乐压工作原理是将咖啡粉与热水搅拌混合，压筒挤压萃取。这种方式融合了法压壶的浸泡萃取、手冲壶的底滤冲泡以及意式咖啡机的快速加压萃取特点，所以爱乐压冲煮出来的咖啡，可以兼具意式咖啡的浓郁和手冲咖啡的纯净及法压壶的顺口。

图4.2　爱乐压壶组件

一、 爱乐压壶组件

爱乐压壶组件有：下壶和压筒、漏斗、滤纸收纳器、滤盖、滤纸、搅拌棒。

二、 爱乐压壶制作咖啡的准备工作

（一）操作台准备

检查并清洁爱乐压壶组件，准备爱乐压壶、咖啡筛粉器、分享壶、电子秤、热水壶、磨豆机、滤纸、杯子、帕子等工具与材料，做好操作前器皿、杯具等的清洁工作，根据制作参数做好调磨、烧水等准备工作。

（二）制作参数

表4.9　爱乐压制作咖啡参数建议

爱乐压制作咖啡参数	
主要参数	建议
烘焙度	适宜中烘、中深烘的咖啡豆
研磨度	细研磨、中细研磨
水温	85 ℃左右
粉量	一般20克左右
粉水比	1∶（8~15），可根据口感调节
时间	根据研磨度以及水温，研磨越细，萃取时间越短；水温越高，萃取时间越短，一般在1~2分钟
手法	有正压和反压

三、 爱乐压壶制作咖啡步骤

表4.10　爱乐压壶制作咖啡步骤

反压法		
步骤	图例	要领
烧水备用		根据咖啡豆信息将水烧到适合的温度，保温待用

续表

步骤	图例	要领
组装爱乐压		组装下壶和压筒，下壶滤盖口朝上
研磨咖啡粉		爱乐压制作咖啡的研磨度比意式咖啡研磨稍粗，比手冲咖啡稍细，在极细、细、中细中选择中细
投咖啡粉		倒入现磨咖啡粉并轻柔拍平
注水		可一次性注水也可分段注水

续表

步骤	图例	要领
搅拌		用搅拌棒以划圈或者十字交叉等方式轻柔搅拌，使咖啡粉与水充分接触
湿滤纸		将滤纸放在滤盖上湿润贴合，并将装有滤纸的滤盖扣紧在下壶口
按压		将下壶翻转朝下，使压筒朝上。为了避免咖啡液从侧缝漏出，在翻转前要把杯子扣在滤盖底部，随后连同杯子一起翻转，翻转时动作要迅速，且完成后要立即按压压筒
出品		将冲泡好的咖啡液倒入咖啡杯
清洁台面		及时清洗器皿并清洁台面，正确使用抹布及毛刷

子任务 1

表 4.11　分组练习爱乐压反压操作

任务单	请分组练习爱乐压反压操作，并结合操作步骤做好过程记录	
任务项目	任务内容	过程记录
操作前准备	1. 操作台物品清单 2. 萃取方案	
知识点准备	爱乐压萃取咖啡的原理	
操作步骤	1. 湿滤纸 组装 2. 投粉 3. 注水 4. 搅拌 5. 按压 6. 出品	

子任务 2

表 4.12　根据视频资料学习爱乐压正压制作咖啡并记录

任务单	爱乐压正压法，并记录	
	操作步骤	过程记录
正压法		

【任务评价】

表4.13　爱乐压壶制作咖啡任务学习评价表

被评者			时间			地点		
评价项目	评价内容			分值	自评	互评	师评	得分
任务准备 （10分）	资料查找学习的情况			5分				
	资料查找笔记、问题提出的情况			5分				
任务分解 （20分）	团队合作能力			10分				
	沟通和协调问题的能力			10分				
任务实施 （40分）	子任务1			20分				
	子任务2			20分				
作品评价 （20分）	成品外观及风味口感			20分				
笔记/问题 （10分）	笔记内容丰富有，重点勾画 有问题提出，并尝试找出解决方法			10分				
最终得分（自评30%+互评30%+师评40%）								
说明：测试满分为100分，合格：60～75分，良好：76～85分，优秀：86分以上。60分以下学生需要重新进行知识学习、任务训练，直到完成任务达到合格为止								

【分析总结】

表4.14　爱乐压壶制作咖啡任务过程总结表

任务过程	问题分析	解决方案

【能力拓展】　世界爱乐压大赛

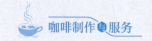

任务三　冰滴壶制作咖啡

【任务要求】

1. 能指出冰滴壶组件的名称及其用途
2. 能做好冰滴壶操作前的相关准备
3. 能使用冰滴壶制作咖啡，并关注其影响因素

【任务准备】

1. 自主课前预习本章节相关内容
2. 冰滴壶及配件、滤纸、单品咖啡豆等工具和材料
3. 请根据本节任务要求分组讨论，并分解任务、找出实施方案

【任务实施】

＊知识链接＊

冰滴咖啡（Ice Drip Coffee），又名荷兰式咖啡，据说最初是荷兰东印度公司的水手们在漫长的海上航行期间，发明了这种冰水萃取咖啡的方法，便于长期保存咖啡。还有一种说法提到，据传在荷兰人殖民统治印尼期间，种植了很多罗布斯塔咖啡豆，罗布斯塔咖啡豆苦味强烈且酸感较高，热泡会使肠胃不适，所以当地人发明了这种冷水低温萃取咖啡的方法。

在炎热的夏天，咖啡店各种冰萃、冰滴、冰咖啡等总是给人带来愉快的体验感。其中，冰滴咖啡以香气明显、干净有层次的特点深受人们喜爱。但因其制作时间较长、过程中可变因素多，这也是对咖啡师技能的一个考验。

一、冰滴壶组件

冰滴咖啡壶由上壶、中壶或滤杯、下壶及水滴调节阀三部分组成，其中上壶放置冰水混合物，中壶或者滤杯盛放咖啡粉，下壶是咖啡液容器。

二、冰滴壶制作咖啡的准备工作

（一）操作台准备

检查冰滴壶组件完好并清洁擦拭干净，准备冰滴壶、滤纸、咖啡豆、研磨机、纯净水、冰块、电子秤、抹布等工具与材料，做好操作前器皿、杯具等的清洁工作，根据制作参数做好调磨、烧水等准备工作。

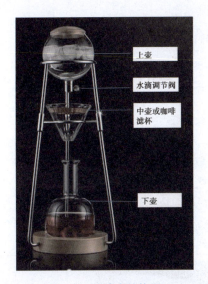

图 4.3　冰滴壶结构图

图 4.4　冰滴壶操作台准备

（二）制作参数

表 4.15　冰滴壶制作咖啡参数建议

冰滴壶制作咖啡参数	
主要参数	建议
烘焙度	适宜中深或者深烘的咖啡豆
研磨度	细研磨
咖啡粉量	60 克
粉水比	1∶10
冰水混合物比例	1∶1
萃取时间	4~6 小时
冷藏时间	5~6 小时
调节阀速度	每 10 秒 4~6 滴

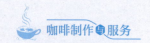

三、 冰滴咖啡的制作

表4.16　冰滴壶制作咖啡步骤

步骤	图例	要领
准备工作		检查冰滴壶组件并清洁，拧紧冰滴调节阀，将上壶和下壶放在冰滴架上，取下咖啡滤杯待用
湿滤纸		将滤纸放入滤杯淋湿贴合
研磨咖啡粉		比手冲咖啡研磨度稍细，细研磨，加之粉水比例低，滴滤出来的咖啡液浓郁饱满
投粉		往滤杯中倒入咖啡粉轻拍铺平，咖啡粉层上铺一张圆形滤纸

步骤	图例	要领
放锁香盖		将有藏香作用的锁香盖放在咖啡粉圆形滤纸上，可防止因萃取时间过长导致咖啡香气的流失
放冰块及水		根据萃取方案放入冰水混合物，盖上盖子，在放冰块之前要拧紧调节阀
调节阀门		根据咖啡豆情况调节阀门大小，控制流速为每 10 秒 4~6 滴，一般在 5~6 小时滴滤结束
冷藏发酵		滴滤完成后，将咖啡液倒入密封瓶并放入冰箱冷藏后再饮用

子任务1

表4.17　冰滴壶制作咖啡训练

任务单	请分组练习冰滴壶制作咖啡，并结合操作步骤做好过程记录	
任务项目	任务内容	过程记录
操作前准备	1. 操作台物品清单 2. 萃取方案	
知识点准备	咖啡豆信息	
操作步骤	1. 折叠滤纸 2. 投粉 3. 放冰块及水 4. 调节阀门 5. 出品冷藏	

子任务2

表4.18　请在互联网上查找制作冰滴和冷萃、冷泡和冰手冲咖啡的区别

【任务评价】

表4.19　冰滴壶制作咖啡任务学习评价表

被评者		时间		地点			
评价项目	评价内容		分值	自评	互评	师评	得分
任务准备 （10分）	资料查找学习的情况		5分				
	资料查找笔记、提出问题的情况		5分				
任务分解 （20分）	团队合作能力		10分				
	沟通和协调问题的能力		10分				
任务实施 （40分）	子任务1		20分				
	子任务2		20分				
作品评价 （20分）	成品外观及风味口感		20分				
笔记/问题 （10分）	笔记内容丰富，有重点勾画 有问题提出，并尝试找出解决方法		10分				
最终得分（自评30%＋互评30%＋师评40%）							
说明：测试满分为100分，合格：60~75分，良好：76~85分，优秀：86分以上。60分以下学生需要重新进行知识学习、任务训练，直到完成任务达到合格为止							

【分析总结】

表4.20　冰滴壶制作咖啡任务过程总结表

任务过程	问题分析	解决方案

【能力拓展】

1. 冷萃、冷泡和冰手冲制作咖啡

2. 虹吸壶制作咖啡

项目二
意式咖啡的制作

【项目描述】

意式咖啡是指使用意式咖啡机在高压的状态下快速定量萃取的浓缩咖啡液为基底，再按产品配方分别加入水、奶制品、香料或者风味糖浆等辅料调制而成的咖啡饮品。意式咖啡是一个比较宽泛的称谓，在咖啡店通常是指意式浓缩咖啡、奶咖以及特调咖啡等多种产品，其核心是意式浓缩咖啡，因此意式浓缩咖啡的品质直接影响意式咖啡的口感。

意式咖啡大多选用意式拼配豆，也可以用单品咖啡豆制作。意式拼配豆由两种或者两种以上不同品种的咖啡豆或者相同品种而烘焙度不同的咖啡豆拼配，烘焙成风味稳定、均衡一致的混合咖啡豆。其烘焙度通常为中深烘、深烘等，依据风味表现侧重点的不同可分为烘焙前拼配和烘焙后拼配。选用单品咖啡豆制作的意式咖啡通常被称为 SOE（Single Origin Espresso，单一产地浓缩咖啡），因咖啡豆来自单一产区，着重于展现其咖啡豆独特的风味特征。

【项目目标】

能力目标	1. 能规范使用意式咖啡机 2. 能按照客人点单制作各类咖啡饮品 3. 能描述各类咖啡饮品的风味、感官特征
知识目标	1. 理解意式浓缩咖啡品质特征对咖啡饮品的影响 2. 掌握奶泡打发和融合的技巧及要点 3. 熟悉制作咖啡饮品原料的科学搭配
职业素养	养成关爱他人、勇于奉献的精神
思政融合	人人为我　我为人人的奉献精神

【项目资讯】 意式咖啡机的前世今生

任务一　意式浓缩咖啡的制作

【任务要求】

1. 熟悉意式咖啡机的结构

2. 能规范操作意式咖啡机

3. 能描述意式浓缩咖啡的品质特征

【任务准备】

1. 自主预习本章节相关内容

2. 准备意式咖啡机、意式研磨机、意式咖啡豆等工具和材料

3. 请根据本节任务要求分组讨论，并分解任务、找出实施方案

【任务实施】

∗知识链接∗

一、意式咖啡机的外部结构

意式咖啡机是一种通过高温、高压快速萃取咖啡液的专业设备。意式咖啡机按锅炉类型可分为单锅炉式和双锅炉式；按使用场地可分为商用意式咖啡机和家用意式咖啡机；按使用方式可分为全自动式和半自动式。

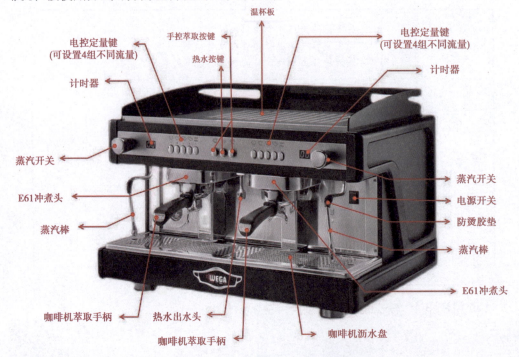

图4.5　意式咖啡机常见的外部结构

意式咖啡机常见的外部组件有蒸汽开关、冲煮按钮、温杯盘、冲煮头、热水开关、蒸汽管、电源开关、冲煮手柄、压力表等。

二、意式咖啡机外部组件及功能

表4.21　意式咖啡机的外部组件及功能

基本组件	图例	功能说明
蒸汽开关		在蒸汽棒上方，是蒸汽棒喷蒸汽的开关，有旋钮式、拉杆式等
冲煮按钮		在冲煮头上方，是萃取意式浓缩咖啡液的按键，有定量萃取键，也有根据萃取参数的人工控制键
温杯盘		位于咖啡机顶部，用于预热咖啡杯
冲煮头		冲煮头是用于萃取意式浓缩咖啡液的部件，分为有孔滤器和无孔滤器，因萃取后会有少量咖啡渣附着在其缝隙中，所以需要萃取后及时冲洗清洁冲煮头

续表

基本组件	图例	功能说明
热水开关		放热水的开关，有旋钮式、按键式等
蒸汽棒		蒸汽棒是利用蒸汽来对牛奶、巧克力等进行加热的装置，其蒸汽头有细孔，是释放蒸汽的地方，根据机型不同分为单孔、双孔、四孔等。因蒸汽大小和蒸汽按钮的旋转程度紧密相关，使用时应规范操作，避免被烫伤
冲煮手柄		冲煮手柄是放咖啡粉并供咖啡液流出的地方，其里面的粉碗可拆卸清洗、替换。粉碗分为单份和双份，可根据需要使用，每次萃取后都要及时清洁粉碗，以保证每次都能获得没有杂质的咖啡液
压力表		根据机型设计有蒸汽压力表和萃取压力表，也有将蒸汽压力和萃取压力二合一的压力表。通常指的 8~9 bar，是水泵的压力和萃取咖啡的水压；1~2 bar 是指锅炉压力和蒸汽压力

三、 意式咖啡机制作咖啡步骤

步骤一：准备工作。

意式咖啡机操作前的准备工作有调试研磨机和咖啡机、布置操作台面、准备咖啡豆、咖啡杯、牛奶等物品。

图4.7　意式咖啡操作台面准备

步骤二：清洁冲煮头，清洗粉碗，并擦拭粉碗及周边残留物质，再将干净无渣、无水渍的手柄扣在冲煮头上。

图4.8　清洁手柄、冲煮头

步骤三：研磨咖啡豆，使咖啡粉匀速落到粉碗中心呈小山丘状。一般双份粉碗的咖啡粉量为14～18克，单份粉碗的咖啡粉量为7～9克，可根据客人喜好酌情增减。

图4.9　研磨咖啡豆

步骤四：常见的布粉分为两种：用手布粉和布粉器布粉。布粉是为了使咖啡粉均匀分布在粉碗，避免造成萃取时出现通道效应。

图4.10　布粉

步骤五：填压，就是通过粉锤将咖啡粉压平、夯实，以防上萃取时咖啡粉被压力冲散或者产生通道效应，从而影响咖啡液的品质。

图4.11　填压

步骤六：清洁冲煮头，上手柄前用大约15毫升的水冲洗冲煮头，以便排出机头里剩余的咖啡粉残渣。

图4.12　清洁冲煮头

步骤七：立即萃取，将手柄锁紧在冲煮头上，立即按下萃取按钮，将咖啡杯放置在手柄下方的分流嘴下。正常的情况下，按萃取键后 4～6 秒会有咖啡液流出，萃取时间大概 20～30 秒结束。

图 4.13　萃取咖啡液

步骤八：萃取结束后及时清洁冲煮头、手柄及咖啡机工作区域。

图 4.14　清洁台面

四、 意式浓缩咖啡品质检测

大多数意式咖啡饮品都是以意式浓缩咖啡液为基底而制作的，所以意式浓缩咖啡液品质的优劣直接影响一杯咖啡的整体口感及风味。一杯意式浓缩咖啡液的品质可通过观色、闻香、品尝、回味这四个方面检测。

观色：看油脂的颜色、颜色的均一度、厚度、延展度等。

闻香：焦糖香、坚果香、巧克力香等。

品尝：咖啡的甜味、酸味、醇度、余韵等，特别要留心体会意式浓缩咖啡液的"苦甘"（bittersweet）之味、层次感与均衡度。

回味：喝完之后，细细感受一下咖啡留在口中的感觉，即咖啡的余韵，包括香气如何、味道感觉如何等。

子任务1

表4.22　分组训练意式咖啡机的操作

任务单	请分组操作意式咖啡机	
任务项目	过程记录	注意事项
意式咖啡机的操作		

子任务2

表4.23　意式浓缩咖啡液的检测

任务单	请分组萃取意式浓缩咖啡液，并结合品质检测	
任务项目	检测情况	改进建议
意式浓缩咖啡液的检测	观色 闻香 品尝 回味	

【任务评价】

表 4.24　意式浓缩咖啡液制作任务学习评价表

被评者		时间		地点			
评价项目	评价内容		分值	自评	互评	师评	得分
任务准备 （10 分）	资料查找学习的情况		5 分				
	资料查找笔记、问题提出的情况		5 分				
任务分解 （20 分）	团队合作能力		10 分				
	沟通和协调问题的能力		10 分				
任务实施 （40 分）	子任务 1		20 分				
	子任务 2		20 分				
作品评价 （20 分）	成品外观及风味口感		20 分				
笔记/问题 （10 分）	笔记内容丰富，有重点勾画 有问题提出，并尝试找出解决方法		10 分				
最终得分（自评 30%＋互评 30%＋师评 40%）							
说明：测试满分为 100 分，合格：60～75 分，良好：76～85 分，优秀：86 分以上。60 分以下学生需要重新进行知识学习、任务训练，直到完成任务达到合格为止							

【分析总结】

表 4.25　意式浓缩咖啡液制作任务过程总结表

任务过程	问题分析	解决方案

【能力拓展】 意式咖啡机日常清洁与保养

任务二　经典咖啡的制作

【任务要求】

1.能熟练打发奶泡并完成奶咖融合的操作

2.能规范稳定制作常见的经典咖啡

3.能做好描述经典咖啡口感的对客服务

【任务准备】

1.自主预习本章节相关内容

2.意式咖啡机、意式研磨机、意式咖啡豆、咖啡杯等工具和材料

3.请根据本节任务要求分组讨论，并分解任务、找出实施方案

【任务实施】

＊知识链接＊

一、 经典咖啡制作前的准备

经典咖啡制作前的准备主要分为两个方面：物品、工具的准备以及打发奶泡的技术准备。

（一）制作经典咖啡的物品、 工具准备

表4.26　制作经典咖啡的工具准备

物品、 工具	准备事项	物品、 工具	准备事项
意式咖啡机	1台	电子秤	2个，用于称量咖啡粉以及咖啡液
意式咖啡研磨机	1台	杯子	根据不同的咖啡选择合适的杯子
拉花缸	2个，便于分缸	帕子	至少3~5张，有颜色区分
计时器	1个，用于萃取时	牛奶	牛奶需冷藏
清洁毛刷	2个，用于研磨机及手清洁	咖啡豆	注意咖啡豆烘焙时间及开袋时间
压粉器	1个	布粉器	1个

（二）打发奶泡的技术准备

表 4.27　打发奶泡的技术准备

步骤	图例	操作要领
准备牛奶、拉花缸及帕子		将冷藏后的牛奶倒入拉花缸，在蒸汽棒旁准备一张干净的帕子
空喷蒸汽棒		打开蒸汽阀空喷释放蒸汽
打发奶泡		将蒸汽棒沿着拉花缸嘴倾斜 40° 左右插入牛奶液面，喷嘴与牛奶液面留有空隙便于进气
		先打开 1/2 的蒸汽阀进气，进气时有咻咻声，奶泡呈鱼眼状，当奶泡量达到需要时立即调整蒸汽棒的位置，使拉花缸里的牛奶形成漩涡状
		奶泡在漩涡状态下不断融合变得细密，在牛奶温度达到 65 ℃ 左右时结束打发

续表

步骤	图例	操作要领
空喷蒸汽棒并清洁		空喷蒸汽棒并用帕子擦干净喷嘴上的奶渍
检查奶泡		牛奶打发分为先打发再打绵和边打边绵两种方式，以光滑、绵密、有流动性的奶泡为最佳

奶泡打发注意事项：

1. 牛奶最好冷藏后打发

2. 开关蒸汽棒时最好用干净的湿毛巾裹住，避免使用不当被烫伤

3. 奶泡打发结束后先关蒸汽棒，取出拉花缸，蒸汽棒空喷并清洁

二、经典咖啡的制作

（一）美式咖啡

表4.28　美式咖啡制作步骤

| 操作准备 | 检查并清洁咖啡机，准备好操作需要的相关物品及工具
杯子：玻璃杯、陶瓷杯等，容量为350～500毫升
咖啡豆：拼配咖啡豆、单品豆
基本原料：意式浓缩咖啡液、水、风味糖浆 | |

续表

产品名称		操作步骤	操作过程
美式	热美式	1.热水预热杯子后倒掉	
		2.杯中倒入热水，咖啡液和热水的比例为 1 : 14 或 1 : 16	
		3.萃取意式浓缩咖啡液	
		4.将意式浓缩咖啡液倒入杯中	
		5.出品	

续表

产品名称		操作步骤	操作过程
美式	冰美式	1. 冰块预冷杯子	
		2. 杯中加入冰块和水，咖啡液和冰块+水的比例1：14，1：16	
		3. 萃取意式浓缩咖啡液	
		4. 将意式浓缩咖啡液倒入杯中	
		5. 出品	
操作说明		意式浓缩咖啡液萃取参数：咖啡液按1：2的比例萃取，即20克咖啡豆，萃取40克咖啡液，时间为20～30秒；咖啡液与水的比例为1：14，1：16，风味美式根据需要加入不同糖浆制作；根据杯子容量以及客人喜好调整意式浓缩咖啡液的份量	

（二）拿铁咖啡

表 4.29　拿铁咖啡制作步骤

操作准备	检查并清洁咖啡机，准备好操作需要的相关物品及工具 杯子：高玻璃杯、高陶瓷杯等，容量为 300～500 毫升 咖啡豆：拼配咖啡豆 基本原料：意式浓缩咖啡液、牛奶、糖浆	
产品名称	操作步骤	操作过程
拿铁咖啡　热拿铁	1. 热水预热杯子	
	2. 萃取意式浓缩咖啡液	
	3. 打发牛奶，奶沫要薄，有流动性	
	4. 将打发的牛奶以融合的手法注入杯子。融合量到达杯子容量的 5 成后再拉花	
	5. 出品	

续表

产品名称		操作步骤	操作过程
拿铁咖啡	冰拿铁	1.冰块预冷杯子	
		2.杯中加入5分满的冰块，再加入牛奶	
		3.萃取意式浓缩咖啡液	
		4.用汤勺引流咖啡液入杯，流速要慢，要有分层	
		5.出品	
操作说明		意式浓缩咖啡液萃取参数：咖啡液按1∶2的比例萃取，即20克咖啡豆，萃取40克咖啡液，时间为20~30秒；奶泡打发要比卡布奇诺薄，光滑有流动性；风味拿铁根据需要加入不同糖浆制作；根据杯子容量以及客人需求调整意式浓缩咖啡液份量	

（三）卡布奇诺

表 4.30 卡布奇诺咖啡制作步骤

操作准备	检查并清洁咖啡机，准备好操作需要的相关物品及工具 杯子：陶瓷杯，容量为 200 毫升左右 咖啡豆：拼配咖啡豆 基本原料：意式浓缩咖啡液、牛奶	
产品名称	操作步骤	操作过程
卡布奇洛	1. 热水预热杯子	
	2. 萃取意式浓缩咖啡液	
	3. 打发牛奶，奶沫要比拿铁奶沫稍厚	
	4. 将打发的牛奶以融合的手法注入杯子。融合量在杯子容量的 5~6 成时，再拉花出图	
	5. 出品	
操作说明	意式浓缩咖啡液萃取参数：咖啡液按 1 : 2 的比例萃取，即 20 克咖啡豆，萃取 40 克咖啡液，时间为 20~30 秒；卡布奇诺口感要求是咖啡味道要浓郁、奶泡口感要细腻绵密	

（四）焦糖玛奇朵

表4.31　焦糖玛奇朵制作步骤

操作准备	检查并清洁咖啡机，准备好操作需要的相关物品及工具 杯子：陶瓷杯，容量为300毫升左右 咖啡豆：拼配咖啡豆 基本原料：意式浓缩咖啡液、牛奶、焦糖酱或风味糖浆	
产品名称	操作步骤	操作过程
焦糖玛奇朵	1.热水预热杯子	
	2.萃取意式浓缩咖啡液	
	3.将焦糖酱或风味糖浆加入拉花缸，加入牛奶混合打发	
	4.将打发的牛奶以融合的手法注入杯子至九成时，再用勺子舀奶沫至满杯	
	5.挤焦糖酱在奶沫上，勾出图案后出品	
操作说明	意式浓缩咖啡液萃取参数：咖啡液按1：2的比例萃取，即20克咖啡豆，萃取40克咖啡液，时间为20～30秒；焦糖酱根据杯量及客人要求适量加入	

（五）摩卡咖啡

表 4.32　摩卡咖啡制作步骤

<table>
<tr>
<td rowspan="2">操作准备</td>
<td colspan="2">检查并清洁咖啡机，准备好操作需要的相关物品及工具</td>
<td rowspan="2"></td>
</tr>
<tr>
<td colspan="2">杯子：杯壁厚的玻璃杯、陶瓷杯，容量为 180~200 毫升
咖啡豆：拼配咖啡豆
基本原料：意式浓缩咖啡液、巧克力酱、牛奶、可可粉、鲜奶油</td>
</tr>
<tr>
<td>产品名称</td>
<td>操作步骤</td>
<td colspan="2">操作过程</td>
</tr>
<tr>
<td rowspan="7">摩卡咖啡</td>
<td rowspan="7">热摩卡</td>
<td>1. 热水预热杯子</td>
<td colspan="2"></td>
</tr>
<tr>
<td>2. 萃取意式浓缩咖啡液</td>
<td colspan="2"></td>
</tr>
<tr>
<td>3. 先在杯子里挤入巧克力酱，再倒入意式浓缩咖啡液，用勺子搅拌均匀</td>
<td colspan="2"></td>
</tr>
<tr>
<td>4. 打发牛奶，将牛奶以融合的手法注入杯中，融合量占杯子容量的 8 成</td>
<td colspan="2"></td>
</tr>
<tr>
<td>5. 在液面上以旋转的手法挤入鲜奶油</td>
<td colspan="2"></td>
</tr>
<tr>
<td>6. 用可可粉或者巧克力酱装饰在奶油上</td>
<td colspan="2"></td>
</tr>
<tr>
<td>7. 出品</td>
<td colspan="2"></td>
</tr>
</table>

续表

产品名称		操作步骤	操作过程
摩卡咖啡	冰摩卡	1.冰块预冷杯子	
		2.杯子里加入冰块，沿着杯壁挤上巧克力酱	
		3.在杯子中心点加入冰牛奶	
		4.萃取意式浓缩咖啡液	
		5.将意式浓缩咖啡液缓慢加入杯中，使其流动成分层状	
		6.出品	
操作说明			意式浓缩咖啡液萃取参数：咖啡液按1∶2的比例萃取，即20克咖啡豆，萃取40克咖啡液，时间为20～30秒；无论是热摩卡还是冰摩卡都要突出浓郁的巧克力或者可可风味。随着人们对咖啡饮品口感需求的不断变化，每个咖啡店以及咖啡师在热摩卡、冰摩卡加入巧克力酱、可可粉等辅料时，选用和处理方式上都会不同，这也会带给客人不同的饮用体验

（六）澳白

表 4.33　澳白制作步骤

<table>
<tr>
<td rowspan="2">操作准备</td>
<td colspan="2">检查并清洁咖啡机，准备好操作需要的相关物品及工具</td>
<td rowspan="2"></td>
</tr>
<tr>
<td colspan="2">杯子：陶瓷杯、玻璃杯，容量为 220 毫升左右
咖啡豆：拼配咖啡豆
基本原料：意式浓缩咖啡液、牛奶</td>
</tr>
<tr>
<td>产品名称</td>
<td>操作步骤</td>
<td colspan="2">操作过程</td>
</tr>
<tr>
<td rowspan="5">澳白</td>
<td>1. 热水预热杯子</td>
<td colspan="2"></td>
</tr>
<tr>
<td>2. 制作意式浓缩咖啡液</td>
<td colspan="2"></td>
</tr>
<tr>
<td>3. 打发牛奶，奶泡要比拿铁更薄</td>
<td colspan="2"></td>
</tr>
<tr>
<td>4. 将打发的牛奶以融合的手法注入杯中，融合量占杯子容量的 5~6 成后，再拉花</td>
<td colspan="2"></td>
</tr>
<tr>
<td>5. 出品</td>
<td colspan="2"></td>
</tr>
<tr>
<td>操作说明</td>
<td colspan="3">意式浓缩咖啡液萃取参数：咖啡液按 1：1.5 的比例萃取，即 30 克咖啡豆，萃取 45 克咖啡液，时间为 20~30 秒；澳白是澳大利亚地区本土化的拿铁咖啡，杯量比拿铁小，少量的牛奶与咖啡融合，突出咖啡的香浓</td>
</tr>
</table>

（七）Dirty

表 4.34　Dirty 制作步骤

操作准备	检查并清洁咖啡机，准备好操作需要的相关物品及工具 杯子：180～200 毫升的玻璃杯 咖啡豆：SOE 咖啡豆 成分：意式浓缩咖啡液、牛奶（冰）	
产品名称	操作步骤	操作过程
Dirty	1.冷藏杯子或者用冰块冰杯	
	2.杯子里倒入约 8 分满的冰牛奶	
	3.萃取意式浓缩咖啡液，将装满冰牛奶的杯子放在冲煮头下，让意式浓缩咖啡液直接流入杯子	
	4.出品	
操作说明	意式浓缩咖啡液萃取参数：咖啡液按 1：1.8 的比例萃取，即 20 克咖啡豆，萃取 36 克咖啡液，时间为 20～30 秒；最好选用 SOE 的咖啡豆，口感会对比明显些，杯子最好冷藏而非常温杯，在接意式浓缩咖啡液时杯子尽量靠近冲煮头，使咖啡覆盖在牛奶表面，保留意式浓缩咖啡的油脂，延迟咖啡与牛奶的融合，形成较好的分层视觉效果，这款咖啡在夏天深受欢迎	

子任务1

表4.35　根据客人点单制作以下咖啡产品

任务项目	检测内容（意式浓缩咖啡口感、 奶咖融合度、 比例等）	改进建议
咖啡产品	过程记录	
美式咖啡		
卡布奇诺		
拿铁		
焦糖玛奇朵		
摩卡		
澳白		
Dirty		

子任务2

表4.36　根据客人点单制作的咖啡产品进行品质检测

检测项目	品质检测（意式浓缩咖啡口感、 奶咖融合度、 比例等）	改进建议
咖啡产品		
美式咖啡		
卡布奇诺		
拿铁		
焦糖玛奇朵		
摩卡		
澳白		
Dirty		

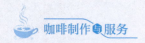

【任务评价】

表4.37　经典咖啡制作任务学习评价表

被评者			时间		地点			
评价项目	评价内容		分值	自评	互评	师评	得分	
任务准备 （10分）	资料查找学习的情况		5分					
	资料查找笔记、问题提出的情况		5分					
任务分解 （20分）	团队合作能力		10分					
	沟通和协调问题的能力		10分					
任务实施 （40分）	子任务1		20分					
	子任务2		20分					
作品评价 （20分）	成品外观及风味口感		20分					
笔记/问题 （10分）	笔记内容丰富，有重点勾画 有问题提出，并尝试找出解决方法		10分					
最终得分（自评30%＋互评30%＋师评40%）								
说明：测试满分为100分，合格：60～75分，良好：76～85分，优秀：86分以上。60分以下学生需要重新进行知识学习、任务训练，直到完成任务达到合格为止								

【分析总结】

表4.38　经典咖啡制作任务过程总结

任务过程	问题分析	解决方案

【能力拓展】　意式咖啡拉花艺术大赛

咖啡特调

项目一
特调咖啡

【项目描述】

随着越来越多的咖啡馆将"特调咖啡"作为新产品吸引消费者，这一品类不仅抓住了消费者的眼球，也确实给咖啡店带来一个盈利增长点。那么，什么是"特调咖啡"？在世界咖啡师竞赛（WBC）里"Signature Drink"被翻译成"特色鲜明的饮品"。"特调咖啡"是一个新生名称，目前尚无明确的界定。就当前的产品形式而言，就是在咖啡的基础上融入更多的元素，即"咖啡+"的模式。这个概念源于最初的花式咖啡，流行于现代，呈百花齐放的趋势。如星巴克 2023 年推出一款颠覆性的全新咖啡——意榄朵（Oleato），在优质阿拉比卡咖啡中融入 Partanna 特级初榨橄榄油，带来丝绒般柔滑丰盈的咖啡新体验；又如瑞幸推出的"酱香拿铁""陨石拿铁""椰云拿铁"等；一些独立的咖啡店结合地方物产的创意咖啡，如"川贝咖啡""辣椒咖啡"等。相比传统咖啡，特调咖啡因颜值高、互动性强、口感特别而更容易被消费者接受。

【项目目标】

能力目标	1. 能操作并创新出特调咖啡 2. 能运用特调咖啡制作的技法
知识目标	1. 认知特调咖啡设计的思路 2. 熟悉特调咖啡相关的原材料 3. 熟悉地方民族文化
职业素养	养成认识美、欣赏美的意识
思政融合	真善美在身边

【项目资讯】 特调咖啡的缘起

任务一　特调咖啡的设计思路

【任务要求】

1.理解特调咖啡的设计思路

2.熟记特调咖啡制作的准备

【任务准备】

1.自主预习本章节相关内容

2.准备特调咖啡制作需要的工具、咖啡豆、茶、水果等材料

3.请根据本节任务要求分组讨论，并分解任务、找出实施方案

【任务实施】

＊知识链接＊

在咖啡行业的市场需求驱动下，特调咖啡以新思维、新概念从常规咖啡饮品中脱颖而出，在很多咖啡店作为招牌产品为大众所熟知。

但是面对竞争激烈的饮品市场，特调咖啡并非是茶、果汁加咖啡的简单堆砌，它需要咖啡师甚至研发团队在制作技巧、设计理念、美学标准、食材风味及对咖啡风味进行深入研究，才能研发出一杯香气、层次、余韵兼备的特调咖啡饮品。

一、　常见特调咖啡的设计思路

（一）咖啡+酒

"咖啡+酒"的搭配源自于经典的爱尔兰咖啡，酒可选用白兰地、威士忌、朗姆酒、金巴利、橙味利口酒、马天尼及精酿啤酒等。为了寻找到最佳搭配、最佳口味，需要咖啡师不断尝试形成经验，使咖啡与酒在相互自然融合的同时又保留自身的风味。

（二）咖啡+茶

随着咖啡在国内市场本土化的发展，咖啡和茶这原本独立的两大类饮料"强强联手"，走向融合。特别是近几年咖茶融合的特色饮品"鸳鸯"焕发出新机，不仅改变了萃取方式，也推动了咖啡和茶行业的发展和进步。"咖啡+茶"用到的茶涵盖六大类茶，有绿茶、红茶、乌龙茶等，近来最畅销的是鸭屎香美式。可见，在茶的选用上是比较丰富的，只需要熟悉茶的风味，并了解咖啡的风味，就能调制出一杯口感均衡的特调咖啡。

（三）咖啡+水果

虽然"咖啡+水果"是最近才流行起来的组合，但这是一个必然的趋势，因为咖啡豆本身就属于水果的一部分。"咖啡+水果"的魅力在于通过和水果的混合，能将咖啡的香、苦、酸提升到一个更高的境界，是口感兼具美感的网红产品。"咖啡+水果"特别需要在酸度、糖分上进行合理搭配，酸度高的水果配酸度高的咖啡，如肯尼亚、哥斯达黎加咖啡配酸梅果酱可达到同频美妙的口感；而糖分高的水果则用阴阳调和的原则搭配深烘的咖啡，达到甜而不腻、口感平衡的效果。

（四）咖啡+香料

香料因自身独特的香气而被挖掘运用到咖啡特调里，从常规的肉桂、肉豆蔻、丁香、豆蔻到新加入的咖喱、姜、胡椒、孜然、蘑菇粉等。只要了解选用香料的性能，搭配合理就能被认可。

（五）咖啡+N

在特调咖啡的制作中，不仅搭配到以上用到的原材料，还将用到奶制品、糖浆、冰块等，在材料的选用上是呈多样化的。咖啡特调的创新不仅体现在材料的选用上，在宣传、包装、售卖方式及文创等方面也是一大卖点，如"故宫咖啡""熊掌咖啡"等。

二、　特调咖啡制作的准备

特调咖啡在制作的技法和工具的选用上，整合了调酒、茶艺、奶茶等领域的相关器材。因此，在特调咖啡创作时，要熟悉酒文化、茶文化、咖啡文化，对常用水果、牛奶、香料等食材的成分有一定的了解，才能在综合运用时进行科学正确的调制。

特调咖啡制作时用到的器具准备较多，涉及到咖啡器具、调酒器具、茶器、刀具等。常用到的有以下器具。

表5.1　特调咖啡常用工具

器具名称	图例	用法说明
咖啡机		萃取咖啡液
萃茶机		萃取茶液，也可选用壶泡、袋泡等方式

续表

器具名称	图例	用法说明
量杯		量取液体原料
捣棒		捣烂水果、配料及冰块
过滤器		过滤果汁、果酱等
冰夹		夹取冰块
吧勺		搅拌、引流、插取
摇壶		摇晃混合
榨汁机		鲜榨果汁

子任务

表5.2　请打卡当地咖啡馆，品尝特调咖啡并记录感受

特调产品	特点描述

【任务评价】

表5.3　特调咖啡设计思路任务学习评价表

被评者		时间		地点	
评价项目	评价内容	分值	自评	互评	师评	得分
任务准备 （10分）	资料查找学习的情况	5分				
	资料查找笔记、问题提出的情况	5分				
任务分解 （30分）	团队合作能力	15分				
	沟通和协调问题的能力	15分				
任务实施 （40分）	子任务	40分				
笔记/问题 （20分）	笔记内容丰富，有重点勾画 有问题提出，并尝试找出解决方法	20分				
最终得分（自评30%＋互评30%＋师评40%）						
说明：测试满分为100分，合格：60~75分，良好：76~85分，优秀：86分以上。60分以下学生需要重新进行知识学习、任务训练，直到完成任务达到合格为止						

【分析总结】

表5.4　特调咖啡设计思路任务总结表

任务过程	问题分析	解决方案

【能力拓展】 细数国内特调咖啡

任务二　特调咖啡的制作

【任务要求】

1. 能制作常见的特调咖啡

2. 能创新制作特调咖啡

【任务准备】

1. 自主预习本章节相关内容

2. 准备特调工具、咖啡豆、茶、水果、咖啡杯等物品

3. 请根据本节任务要求分组讨论，并分解任务、找出实施方案

【任务实施】

＊知识链接＊

一、"咖啡+酒" 特调

（一）咖啡尼格罗尼

表5.5　咖啡尼格罗尼的操作步骤

名称	配料及载杯规格	操作步骤	营销点
咖啡尼格罗尼	250毫升载杯 伦敦干金酒30毫升 金巴利25毫升 红味美思25毫升 冷萃咖啡30毫升 汤力水20毫升	1.冷萃咖啡做法：将咖啡与纯净水按1：10的比例混合，放入冰箱冷藏24小时，过滤备用 2.将所有材料加入调酒杯中，搅拌至充分混合，降温至零下3℃即可装杯出品	整体呈现出草本、巧克力的风味

（二）冷萃咖啡马天尼

表5.6　冷萃咖啡马天尼操作步骤

名称	配料及载杯规格	操作步骤	营销点
冷萃咖啡马天尼	200毫升载杯伦敦干金酒40毫升 咖啡利口酒15毫升 冷萃咖啡60毫升 枫糖浆15毫升	1.冷萃咖啡做法：将咖啡与纯净水按1：10的比例混合，放入冰箱冷藏24小时，过滤备用 2.将所有材料加入到雪克壶中，充分摇匀即可装杯出品	结合经典鸡尾酒的调配，呈现出坚果、巧克力、奶油的风味

（三）低空飞行

表5.7　低空飞行操作步骤

名称	配料及载杯规格	操作步骤	营销点
低空飞行	300 毫升载杯 伦敦干金酒 40 毫升 金巴利 15 毫升 冷萃咖啡 90 毫升 接骨木花糖浆 20 毫升 苏打水 35 毫升	1.冷萃咖啡做法：将咖啡与纯净水按 1：10 的比例混合，放入冰箱冷藏 24 小时，过滤备用 2.将除了苏打水以外的所有材料加入到杯中，充分搅拌均匀后，再加入苏打水	整体结合后，突出花果与草本的风味调性

二、"咖啡+茶" 特调

（一）焙茶鸳鸯

表5.8　焙茶鸳鸯操作步骤

名称	配料及载杯规格	操作步骤	营销点
焙茶鸳鸯	250 毫升载杯 意式浓缩咖啡液 焙茶糖浆 10 克 果糖 5 克 牛奶 220 毫升 可可粉	1.杯中加入焙茶糖浆 10 克+果糖 5 克 2.倒入双份意式浓缩咖啡液 3.拉花缸中倒入牛奶 220 毫升，打发加热，融入咖啡中 4.表面均匀撒上可可粉装饰	参考港式鸳鸯奶茶的原理，用焙茶风味糖浆体现的茶感，与咖啡的风味相结合，口感更丰富

（二）茉莉花茶冰美式

表5.9　茉莉花茶冰美式操作步骤

名称	配料及载杯规格	操作步骤	营销点
茉莉花茶冰美式	350 毫升载杯 茉莉绿茶 5 克 果糖 10 克 直饮水 200 毫升 冰块 意式浓缩咖啡液	1.茉莉绿茶 5 克+直饮水 200 毫升，在冰箱冷泡 6 小时，过滤得到冷泡茉莉绿茶茶汤 2.杯中加入果糖 10 克，再加入茉莉绿茶茶汤 200 毫升 3.加入满杯冰块 4.倒入双份意式浓缩咖啡液	随着传统茶饮的发展，将中式花茶与咖啡结合，使咖啡里面增加了花香与茶香的层次感

三、"咖啡+水果" 特调

（一）香橙美式

表 5.10　香橙美式的操作步骤

名称	配料及载杯规格	操作步骤	营销点
香橙美式	300 毫升载杯 橙子酱 20 克 果糖 10 克 冰块 160 克 直饮水 80 毫升 意式浓缩咖啡液 橙片 薄荷叶	1. 在雪克壶中加入橙子酱 20 克，果糖 10 克，冰块 160 克，直饮水 80 毫升，摇匀后倒入杯中 2. 倒入单份意式浓缩咖啡液 3. 顶部用橙片、薄荷叶装饰	把水果的味道融入到咖啡里面，增加了咖啡的酸甜感和层次感，同时减少了咖啡的苦味，让大众更能接受咖啡的味道

（二）荔枝冰咖

表 5.11　荔枝冰咖操作步骤

名称	配料及载杯规格	操作步骤	营销点
荔枝冰咖	400 毫升载杯 荔枝果酱 30 克 冰块 200 克 气泡水 意式浓缩咖啡液 干菠萝片 迷迭香	1. 在雪克壶中加入荔枝果酱 30 克，冰块 200 克，摇匀后倒入杯中 2. 气泡水倒入至杯子的 8 分满 3. 倒入单份意式浓缩咖啡液 4. 顶部用干菠萝片、迷迭香装饰	荔枝属于夏季中季节性较强的水果类别，将荔枝的元素融入到咖啡里面，也是非常应季的一款产品

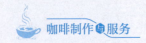

四、"咖啡+香料" 特调

（一）苹果肉桂燕麦拿铁

表 5.12　苹果肉桂燕麦拿铁

名称	配料及载杯规格	操作步骤	营销点
苹果肉桂燕麦拿铁	300 毫升载杯 苹果肉桂糖浆 15 克 燕麦奶 250 毫升 意式浓缩咖啡液 干苹果片 肉桂棒 迷迭香	1. 杯中加入苹果肉桂糖浆 15 克 2. 拉花缸中加入燕麦奶 250 毫升，打发加热，倒入杯中 3. 再从顶部倒入双份意式浓缩咖啡液 4. 表面放干苹果片、肉桂棒、迷迭香装饰	肉桂是比较常见的香料之一，参考甜点里面的苹果肉桂卷风味，跟咖啡和燕麦奶结合，做热饮能很好地体现出来各自的风味特点

（二）辣椒摩卡

表 5.13　辣椒摩卡操作步骤

名称	配料及载杯规格	操作步骤	营销点
辣椒摩卡	300 毫升载杯 巧克力酱 20 克 辣椒粉 3 克 牛奶 250 毫升 意式浓缩咖啡液	1. 杯中加入巧克力酱 20 克，撒入 3 克辣椒粉 2. 加入双份意式浓缩咖啡液，搅拌均匀 3. 拉花缸中加入牛奶 250 毫升打发加热，融入咖啡中 4. 顶部放干辣椒丝装饰	辣椒是川渝地区广泛应用的食材之一，结合地域风格，把辣椒元素融入到咖啡之中

子任务 1

表 5.14　请结合节日、 季节设计一款特调咖啡， 写出设计理念、
原材料、 制作步骤、 口感、 包装、 营销方式

产品名称	描述

子任务 2

表 5.15　请结合当地物产进行特调咖啡的创作， 写出设计理念、
原材料、 制作步骤、 口感、 包装、 营销方式

产品名称	描述

【任务评价】

表5.16　特调咖啡制作任务学习评价表

被评者		时间		地点			
评价项目	评价内容		分值	自评	互评	师评	得分
任务准备 （10分）	资料查找学习的情况		5分				
	资料查找笔记、问题提出的情况		5分				
任务分解 （30分）	团队合作能力		15分				
	沟通和协调问题的能力		15分				
任务实施 （40分）	子任务1		20分				
	子任务2		20分				
笔记/问题 （20分）	笔记内容丰富，有重点勾画 有问题提出，并尝试找出解决方法		20分				
最终得分（自评30%＋互评30%＋师评40%）							
说明：测试满分为100分，合格：60～75分，良好：76～85分，优秀：86分以上。60分以下学生需要重新进行知识学习、任务训练，直到完成任务达到合格为止							

【分析总结】

表5.17　特调咖啡制作任务总结表

任务过程	问题分析	解决方案

【能力拓展】　特调咖啡是咖啡吗？

项目二
国潮咖啡

【项目描述】

　　国内咖啡市场的发展离不开独立咖啡店和国产品牌店对市场的不断挖掘、创新，如瑞幸咖啡、邮局咖啡、李宁咖啡、华为咖啡、麦咖啡等，这些咖啡店研发团队无论从包装、原材料到宣传都注入了更多的中国元素和情感，因而更受国人的喜爱，咖啡国潮风也被更多人追捧。国潮文化风的掀起不仅是新兴消费趋势、民族品牌内涵的创新，更是民族文化认同和自信的彰显，无论哪种形式的国潮咖啡，在被打上文化烙印的那一刻起，就肩负着继承和传扬文化的使命。

【项目目标】

能力目标	1. 能运用国潮咖啡的制作思路创新咖啡相关元素 2. 能结合中国节日、文化、当地民族文化创新设计国潮咖啡
知识目标	1. 理解国潮咖啡的制作思路 2. 熟悉国潮咖啡店的创新理念
职业素养	养成心怀感恩、回报社会的精神
思政融合	感恩，人生的阳光

【项目资讯】　国潮咖啡风

任务一　国潮咖啡的设计思路

【任务要求】

1. 理解国潮咖啡的设计思路
2. 熟悉国潮咖啡设计的相关中国元素

【任务准备】

1. 自主预习本章节相关内容

2. 请根据本节任务要求分组讨论，并分解任务、找出实施方案

【任务实施】

＊知识链接＊

一、国潮咖啡制作的思路

（一）场景创设国潮咖啡

国潮产品的创新调制不仅是食材和咖啡简单的叠加，而是从宣传包装、馆内布置、外观到物料的选取都给消费者营造出浓厚的节日主题氛围。可以借鉴在圣诞节各种商家的营销思路，将中国传统节日融入国潮咖啡创新中，既能增进人们对传统文化的认识，还能丰富产品场景感。如乐乐茶推出的"玉兔酪酪"，结合玉兔的造型契合中秋节的神话故事；如喜茶结合清明推出的"手打青团椰"饮品，也通过节日元素强化了场景体验。

（二）关键元素凸显节日

通过提取每个节日的关键元素，确定出国潮咖啡调制时需要的颜色、味道、香气、物料等。如喜茶和 Seesaw 联名推出的"满月桂香 Dirty"和"满月油柑美式"。前者将绿茶桂花冻做成圆球放入 Dirty 中，呈现的正是月亮这一节日元素在咖啡饮品中的表达。

（三）市场比对互动玩新

在国潮咖啡创新设计中，可以通过每款产品的销售数据、消费者意见反馈、同类商家同类产品比对，寻找更好的创新创意思路，从而抓住消费者的眼球。不仅在产品上可以创新，也可以在消费者互动形式上下功夫，如沪上阿姨把杯套和盲盒结合，消费者在撕开杯套外层后可看到一段告白语，或者赢得一份限定礼物等，这种新潮的玩法可以精准地抓住人们的消费心理。

（四）卖点匹配助力促销

好的产品需要有个好的卖点。所以国潮咖啡的创意挖掘中，需要在门店宣传、文案设计、海报制作、打包杯图案等方面有整体的策划，提炼核心卖点吸引消费者，如邮政咖啡、李宁咖啡、茶颜悦色等。

二、国潮咖啡设计相关的中国元素

中国元素博大精深，包括有形的物质符号和无形的精神内容，如民俗事象、宗教信仰、建筑、服饰、艺术等。所以在设计国潮咖啡时，创作者需要熟悉中国文化，才能在国潮咖啡设计时使用正确的中国元素。国潮咖啡设计时一般用到以下几类中国元素。

（一）中国节庆

中国的传统节日有春节、元宵节、清明节、端午节、中秋节等，通过咖啡图案呈现节日元素，有助于增强民族意识。

（二）中国字画

在咖啡产品及包装等各方面的设计上，都离不开中国字画。说好中国话、写好中国字，同样也是增强民族文化自信的一个方式。

（三）中国服饰

中国民族服饰和历代历朝服饰也可以作为国潮咖啡设计的一个元素，可以结合活动主题、场景布置等，与咖啡的外包装、图案设计方面结合。

（四）中国节气

"天地有节，风雅中华"，中国节气不只是在古籍经典里，而是鲜活地存在于我们的生活中。

子任务1

表5.18　请结合当地的民俗文化设计一款主题国潮咖啡

产品名称	描述

子任务2

表5.19　请结合中国元素设计一款主题国潮咖啡

产品名称	描述

【任务评价】

表5.20　国潮咖啡设计思路任务学习评价表

被评者		时间			地点	
评价项目	评价内容		分值	自评	互评	师评	得分
任务准备 （10分）	资料查找学习的情况		5分				
	资料查找笔记、问题提出的情况		5分				
任务分解 （30分）	团队合作能力		15分				
	沟通和协调问题的能力		15分				
任务实施 （40分）	子任务1		20分				
	子任务2		20分				
笔记/问题 （20分）	笔记内容丰富，有重点勾画 有问题提出，并尝试找出解决方法		20分				
最终得分（自评30%＋互评30%＋师评40%）							
说明：测试满分为100分，合格：60～75分，良好：76～85分，优秀：86分以上。60分以下学生需要重新进行知识学习、任务训练，直到完成任务达到合格为止							

【分析总结】

表5.21　国潮咖啡设计思路任务总结表

任务过程	问题分析	解决方案

【能力拓展】　瑞幸咖啡

任务二　国潮咖啡的制作

【任务要求】

1. 能制作常见的国潮咖啡

2. 能创新设计制作国潮咖啡

【任务准备】

1. 自主预习本章节相关内容

2. 准备国潮咖啡制作需要的工具、咖啡豆、茶、水果等材料

3. 请根据本节任务要求分组讨论，并分解任务、找出实施方案

【任务实施】

＊知识链接＊

一、国潮咖啡品牌店

瑞幸咖啡店

瑞幸咖啡是中国新零售咖啡点心领域的代表，以优选的产品原料、精湛的咖啡工艺、创新的商业模式、领先的互联网和大数据技术支撑的新零售模式，致力于为客户提供高品质、高性价比、高便利的产品，倡导更方便快捷的咖啡零售新体验。客户通过移动端即可自主完成购买、自提或配送流程，彻底改变咖啡传统业态模式。产品以经营饮品轻食、周边潮品为主，近几年的代表性饮品有生椰拿铁、橙 C 美式、茉莉花香美式等。

天坛福饮店

天坛福饮是故宫角楼咖啡在天坛开的一家国潮咖啡店，外观以红色为主色调，大门提取了天坛宫门元素，营造出古时城门的感觉。天坛公园在明、清两代是帝王祭祀皇天、祈五谷丰登之场所，帝王在每次大典以后会"饮福受胙"，到如今，人们希望这份福气也能够传入到寻常百姓家，接饮接福，"天坛福饮"由此得名。在产品上，"梅花馥郁茶咖"是店内最受欢迎的招牌饮品：饮品中融入梅花的清香，表面再用可可粉筛出"福"字造型，茶咖装在蓝红色杯子内，杯子上有烫金勾勒出的祈年殿的图案。天坛福饮吸收了传统茶文化的精髓，推出了很多具有自身品牌调性和内容丰富的新茶饮。

邮政咖啡店

2022 年 2 月 14 日，全国第一家邮局咖啡店——邮局咖啡在厦门正式营业，这是中国邮政的直营门店。从门店来看，熟悉的复古绿布景和标志性的邮筒，带着浓浓的中国邮政特色。从产品来看，美式、拿铁、卡布奇诺等经典咖啡品类都有。邮政咖啡依托邮政的网点分布，精细化文创网点覆盖式铺开邮政咖啡店，倡导"喝一杯咖啡，写一封信给爱的人"。邮政抓住了最新的流量密码，就连 Slogan 都主打年轻化。一夜之间，从不起眼的小邮局摇身一变成为网红打卡点。

茶颜悦色店

茶颜悦色的咖啡品牌"鸳央咖啡"在2022年10月亮相长沙，一次性开了5家门店，店铺装修得都非常"古色古香"，第一眼看过去，几乎不会有人想到这样一个国潮风十足的店面会是一家咖啡店。鸳央咖啡的门店还采用了大量的中国风水墨画元素，如它的杯套和包装袋，都用水墨笔描摹着大写的"龙"字，非常中国风。而它的产品名字也十分"中国风"，采用了大量的诗词歌赋来为产品命名，如"空山新雨后""竹林深处""事宽则圆"等，这都让人有种在茶园以诗会友的雅静之感。

二、经典国潮咖啡

（一）咸蛋黄咖啡

表5.22　咸蛋黄咖啡的操作步骤

名称	配料及载杯规格	操作步骤	营销点
咸蛋黄咖啡	300毫升载杯 咸蛋黄1颗 冰块 牛奶 意式浓缩咖啡液 奶盖 饼干碎	1. 杯中加入一颗咸蛋黄，碾碎 2. 加入八分满的冰块 3. 加入八分满的牛奶 4. 倒入双份意式浓缩咖啡液 5. 顶部加满杯奶盖，撒上饼干碎装饰	结合中秋节吃月饼的元素，将蛋黄馅月饼融入到咖啡里面

（二）糖福禄拿铁

表5.23　糖福禄拿铁的操作步骤

名称	配料及载杯规格	操作步骤	营销点
糖福禄拿铁	300毫升载杯 山楂2颗 冰糖葫芦糖浆10克 冰块 燕麦奶 意式浓缩咖啡液 冰糖葫芦	1. 杯中加入两颗山楂捣碎，加入10克冰糖葫芦糖浆 2. 加入八分满的冰块 3. 加入八分满的燕麦奶 4. 倒入双份意式浓缩咖啡液 5. 顶部串2颗冰糖葫芦装饰	结合春节张灯结彩，热热闹闹的节日特点，把酸甜可口谐音"福禄"的糖葫芦元素，融入咖啡当中

子任务 1

表 5.24　请谈谈国潮咖啡产品带给你的启示

子任务 2

表 5.25　请结合当地物产做一款有关新年的国潮咖啡

产品名称	制作过程及特色描述

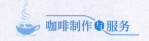
【任务评价】

表5.26　国潮咖啡制作任务学习评价表

被评者		时间		地点			
评价项目	评价内容		分值	自评	互评	师评	得分
任务准备 （10分）	资料查找学习的情况		5分				
	资料查找笔记、问题提出的情况		5分				
任务分解 （30分）	团队合作能力		15分				
	沟通和协调问题的能力		15分				
任务实施 （40分）	子任务1		20分				
	子任务2		20分				
笔记/问题 （20分）	笔记内容丰富，有重点勾画 有问题提出，并尝试找出解决方法		20分				
最终得分（自评30%＋互评30%＋师评40%）							
说明：测试满分为100分，合格：60~75分，良好：76~85分，优秀：86分以上。60分以下学生需要重新进行知识学习、任务训练，直到完成任务达到合格为止							

【分析总结】

表5.27　国潮咖啡制作任务总结表

任务过程	问题分析	解决方案

【能力拓展】　中国咖啡之都——云南味道

模块六 咖啡店的服务与管理

项目一
咖啡店的服务

【项目描述】

　　咖啡师作为咖啡厅对外展示的窗口，不仅要掌握专业的咖啡制作技能，还应该多学习与咖啡相关的文化知识、服务礼仪，养成良好的服务意识，担当起咖啡行业推广大使的责任。

【项目目标】

能力目标	1. 能熟练对客服务 2. 能帮助客人点单 3. 能根据客人的不同要求进行服务
知识目标	1. 熟悉咖啡店服务流程及内容 2. 熟知咖啡店的产品
职业素养	养成踏实肯干、爱岗敬业的态度
思政融合	财富来自于勤劳与敬业

【项目资讯】 咖啡厅服务水平的稳定性

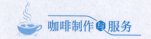

任务一　迎送服务

【任务要求】

1. 熟知咖啡店服务的准备工作
2. 熟悉咖啡店迎送服务的内容

【任务准备】

1. 自主预习本章节相关内容
2. 请根据本节任务要求分组讨论，并分解任务、找出实施方案

【任务实施】

＊知识链接＊

咖啡店服务水平的稳定性、专业性不仅是咖啡店的一张名片，更能给顾客带去一份可靠感和安全感。

一、 服务准备

1. 仪容仪表

咖啡师应着干净制服，整理发型，做好面部个人卫生。

2. 清洁卫生

按要求做好工作区域内的清洁卫生，并时刻维护。

3. 物品准备

盘点并补充备用物品，如糖包、纸巾等一次性消耗用品。

4. 任务认领

听取上级工作安排，并了解当天门店的促销产品及优惠活动。

二、 服务内容

1. 迎宾问候

服务中应保持微笑、主动招呼顾客。因咖啡店氛围注重个性化、人性化，在打招呼时如是常客，则以其姓氏称呼"某某先生/小姐"表示欢迎。问候语也不局限"欢迎光临"，可根据时间、节日及顾客的熟悉度灵活变换，如下午迎接时可以说"下午好，先生/女士"；节日时可以说"您好，元旦节快乐"。

图 6.1 咖啡师热情迎客

2.带座开单

先询问顾客人数及是否定位，再根据客人的喜好等情况将其带到合适的位置入座，并为女士和儿童拉椅。随后向客人送上温水，介绍本店饮料产品、特推产品等，记录并复述客人的点单，注明特殊要求，将单据送到吧台。

3.热情送客

顾客离开时，及时与顾客道告别语，如"请走好，欢迎您再次光临""有空常来""期待您和朋友下次再来"等。并提醒顾客不要遗忘物品，将客人送到大门。

子任务 1

表 6.1 模拟咖啡店迎送服务，并写出服务内容及标准

角色分配	服务内容及标准

子任务2

表6.2　分角色模拟咖啡店迎送服务，并进行以下内容的评价

流程	表情（0~10分） 满意 较满意 合格	语言表达（0~10分） 满意 较满意 合格	规范性（0~10分） 规范 较规范 合格	个性化（0~10分） 有 没有
准备				
迎宾				
带座				
开单				
送客				

【任务评价】

表6.3　咖啡店迎送服务任务学习评价表

被评者		时间			地点	
评价项目	评价内容		分值	自评	互评	师评	得分
任务准备 （10分）	资料查找学习的情况		5分				
	资料查找笔记、问题提出的情况		5分				
任务分解 （30分）	团队合作能力		15分				
	沟通和协调问题的能力		15分				
任务实施 （40分）	子任务1		20分				
	子任务2		20分				
笔记/问题 （20分）	笔记内容丰富，有重点勾画 有问题提出，并尝试找出解决方法		20分				
最终得分（自评30%＋互评30%＋师评40%）							

说明：测试满分为100分，合格：60~75分，良好：76~85分，优秀：86分以上。60分以下学生需要重新进行知识学习、任务训练，直到完成任务达到合格为止。

【分析总结】

表6.4　咖啡店迎送服务任务过程总结表

任务过程	问题分析	解决方案

【能力拓展】　咖啡服务中的小细节

任务二　席间服务

【任务要求】

1.能熟练做好席间服务工作

2.熟知咖啡店咖啡品类并做好推销工作

3.熟悉咖啡店收银工作

【任务准备】

1.自主预习本章节相关内容

2. 准备托盘、咖啡杯等物品

3. 请根据本节任务要求分组讨论，并分解任务、找出实施方案

【任务实施】

＊知识链接＊

席间服务是指顾客从入座到结账的全过程服务，既是对客服务的重要因素，也是影响咖啡厅经济效益的关键因素。因席间服务的多变性及突发性，需要服务员要有高度的观察力和灵活处理问题的能力。

一、 服务准备

1. 托盘准备

检查托盘是否干净、是否防滑、有无破损。并掌握好托盘的要领，保证端送咖啡饮料时平稳不外溢。

2. 器具准备

检查杯子、勺子等是否干净无水渍；区分帕子功能并正确使用。

3. 收银服务

准备好零钱找零；准备好交易联单据，将发票、顾客联底单、小票等一并递给顾客。

二、 服务内容

1. 端送咖啡

根据顾客点单先后顺序正确端送咖啡及饮品。一般左手端托盘，端送过程要平稳，避免咖啡饮料外溢。摆放咖啡时，要轻拿轻放，咖啡勺平置于咖啡杯前，咖啡杯耳和咖啡勺柄朝向顾客右侧，如有糖盅、奶盅应置于餐桌中间。

图 6.2 　擦拭杯子

图 6.3 　端送咖啡

2.巡台续水

时刻保持台面清洁美观，观察台面上的空杯、空盘、纸巾、水杯等情况，在不打扰顾客交流的情况下询问是否需要清理和续水。

3.买单收银

当面与顾客核实账单及金额，根据客人的支付要求按现金、微信等提供收银服务，如有会员卡、折扣券等，应先询问顾客是否需要扣除，客人确认后办理结账，将结账单交给顾客并致谢。

图6.4　收银买单

子任务1

表6.5　模拟递送咖啡服务，并结合以下内容评价

流程	表情（0~10分）满意 较满意 合格	语言表达（0~10分）满意 较满意 合格	规范性（0~10分）规范 较规范 合格	个性化（0~10分）有 没有
准备				
迎宾				
带座				
开单				
送客				

子任务2

表6.6　如何针对不同的客人介绍产品?

【任务评价】

表6.7　席间服务任务学习评价表

被评者		时间			地点	
评价项目	评价内容		分值	自评	互评	师评	得分
任务准备 (10分)	资料查找学习的情况		5分				
	资料查找笔记、问题提出的情况		5分				
任务分解 (30分)	团队合作能力		15分				
	沟通和协调问题的能力		15分				
任务实施 (40分)	子任务1		20分				
	子任务2		20分				
笔记/问题 (20分)	笔记内容丰富,有重点勾画		20分				
	有问题提出,并尝试找出解决方法						
最终得分(自评30%+互评30%+师评40%)							
说明:测试满分为100分,合格:60~75分,良好:76~85分,优秀:86分以上。60分以下学生需要重新进行知识学习、任务训练,直到完成任务达到合格为止							

【分析总结】

表 6.8 席间服务任务过程总结表

任务过程	问题分析	解决方案

【能力拓展】 做一个有温度的咖啡师

项目二
咖啡店的管理

【项目描述】

咖啡店员工管理的好坏，不仅会影响品控及顾客评价，更影响咖啡店的品牌形象和经济效益。所以员工管理需要制度化，也需要人性化，留住员工的心，将员工个人理想、价值和咖啡店经营理念紧密联系在一起，共同塑造良好的品牌效应。

有研究统计，2023年后咖啡店出现两种截然不同的态势，一方面各大连锁咖啡品牌大量减少开店速度，但另一方面精品咖啡店却越来越多。在严峻的市场形势下，如何长久经营，是每个咖啡店老板需要思考的问题。

【项目目标】

能力目标	1. 能合理设置咖啡店岗位 2. 能调动咖啡店员工工作积极性
知识目标	1. 熟悉咖啡店岗位职责 2. 熟知咖啡店员工管理的重要性
职业素养	养成彬彬有礼、平等待人的态度
思政融合	文明自信、文化自信、做一个自信的中国人

【项目资讯】 咖啡馆的经营

任务一　员工管理

【任务要求】

1. 熟悉咖啡店岗位职责

2. 认知咖啡店员工管理的重要性

【任务准备】

1. 自主预习本章节相关内容

2. 请根据本节任务要求分组讨论，并分解任务、找出实施方案

【任务实施】

＊知识链接＊

一、咖啡店岗位设置及职责

咖啡店的岗位根据店铺的大小、客流量的多少等需要设置，如星巴克员工岗位有门店经理、值班主管、星级咖啡师（全职或兼职）、零售管理培训生等。而一般咖啡店岗位的设置有店长、咖啡师、咖啡师助理、收银员等。

店长：

（1）制订咖啡店的经营销售计划

（2）产品研发及菜单制定

（3）收集客户信息，分析客户消费习惯及偏好，开发潜在客户

（4）负责品控及成本控制

（5）咖啡店卫生和安全的维护及紧急事务的处理

（6）员工及物品的调配，工作岗位的安排与缺位时的顶替

（7）策划并开展团建活动

咖啡师：

（1）负责咖啡店各类饮品的制作

（2）给顾客提供服务并促销产品

（3）建立和培养目标顾客群

（4）吧台台面清洁及设施设备的日常清洁与维护

收银员：

（1）帮助顾客点单，收银

（2）负责线上客户订购产品及意见反馈

（3）线下线上客户的维护与培养

（4）整理收银报表，配合财务工作

咖啡师助理：

（1）迎送到店顾客

（2）引领顾客入座并帮助点单

（3）咖啡及点心的递送服务

（4）及时整理桌面及地面清洁

（5）维护咖啡店整体环境卫生

二、 咖啡店员工管理

咖啡店作为服务行业的一员，员工是经营成功的先决条件。在员工的管理上要有严格的管理制度，如出勤、仪容仪表、操作要求、产品规格、卫生要求、服务标准等都需要量化、标准化。员工岗前培训时要达标，从而形成统一的经营风格，这也是咖啡店一张无形的名片。

咖啡店的员工都是身兼数职，会根据需要做不同岗位的工作，这样复合型的工作状态也给员工、咖啡师带来了很大的提升空间。所以在员工管理的诸多要素中最为关键的是专业和品控。品控是保障咖啡店长久经营的核心，而品控源于咖啡师是否经过专业的学习、是否能够按照要求严格出品、是否根据客人的需求做口感的调整，所以咖啡师是咖啡质量品控的关键，需要其具备一定的专业知识和技能。

因此，咖啡店员工的管理不仅需要制度化，更需要人性化。应充分了解员工的心理、精神需求等，通过技能培训、讲座、技能大比拼等形式不断提高员工的综合能力。

子任务

表6.9 请介绍咖啡店员工岗位设置及其职责

岗位设置	职责

【任务评价】

表6.10 员工管理任务学习评价表

被评者		时间			地点		
评价项目	评价内容		分值	自评	互评	师评	得分
制度设置 （20分）	制度清晰、合理		20分				
组织协调 （20分）	团队合作能力		10分				
	协调和处理问题的能力		10分				
品控管理 （30分）	咖啡、饮品出品规范性和统一性		15分				
	创新饮品研发能力		15分				
团队建设 （30分）	充分了解员工心理的能力		15分				
	开发适合员工能力提升的团队文化活动		15分				
最终得分（自评30%＋互评30%＋师评40%）							

说明：测试满分为100分，合格：60~75分，良好：76~85分，优秀：86分以上。60分以下学生需要重新进行知识学习、任务训练，直到完成任务达到合格为止。

【分析总结】

表6.11 员工管理任务过程总结表

任务过程	问题分析	解决方案

【能力拓展】 6S 管理法则

任务二　店面管理

【任务要求】

能做好咖啡店日常的管理工作

【任务准备】

1. 自主预习本章节相关内容

2. 请根据本节任务要求分组讨论，并分解任务、找出实施方案

【任务实施】

＊知识链接＊

咖啡店日常的管理工作大致可分为店面环境的维护、设施设备使用与保养、日常营销与活动策划、每日物品盘点及成本控制等。

店面环境的维护：包括店铺的卫生标准、清洁流程、消毒流程；家居的摆放标准、报纸杂志的陈列、装饰物的摆放；背景音乐的音量大小、曲目选择，网络的通畅性等。

设施设备使用与保养：咖啡机、磨豆机、冰沙机、冰箱、制冰机等设备的规范使用和日常维护。

日常营销与活动策划：制订有效的营销策划，在形式上尽量创新。做好线上与线下的营销、社群互动、节假日主题活动等。

每日物品盘存及成本控制：通过创建标准物料清单、饮品的 SOP 标准管理流程，清点消耗量、净用量等物料，从而清楚地计算出每日标准耗用物料，达到精细化的成本管理。

咖啡店日常工作管理涉及的内容较多且零散，还包括应急事件的处理，饮品、食品的安全卫生管理，客人进店和离店的欢迎欢送语，提供饮品的注意细节，点单流程是否合理等。

子任务

表6.12　假如你是店长该如何做好咖啡店店面日常管理工作?

任务项目	任务内容/过程记录/注意事项
咖啡店店面日常管理	

【任务评价】

表6.13　咖啡店店面管理任务学习评价表

被评者		时间			地点	
评价项目	评价内容	分值	自评	互评	师评	得分
制度设置 (20分)	制度清晰、合理	20分				
组织协调 (20分)	团队合作能力	10分				
	协调和处理问题的能力	10分				
品控管理 (30分)	咖啡、饮品出品规范性和统一性	15分				
	创新饮品研发能力	15分				
团队建设 (30分)	充分了解员工心理的能力	15分				
	开发适合员工能力提升的团队文化活动	15分				
最终得分（自评30%＋互评30%＋师评40%）						
说明：测试满分为100分，合格：60～75分，良好：76～85分，优秀：86分以上。60分以下学生需要重新进行知识学习、任务训练，直到完成任务达到合格为止						

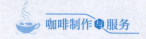

【分析总结】

表 6.14　咖啡店店面管理任务过程总结表

任务过程	问题分析	解决方案

【能力拓展】　创新创业之开店要点

参考文献
CANKAO
WENXIAN

［1］李学俊. 咖啡栽培与初加工基本技能［M］. 北京：中国劳动社会保障出版社，2019.
［2］韩怀宗. 精品咖啡学［M］. 2版. 北京：中国戏剧出版社，2018.
［3］田口护. 咖啡品鉴大全［M］. 沈阳：辽宁科学技术出版社，2012.
［4］田海娟. 软饮料加工技术［M］. 北京：化学工业出版社，2018.
［5］齐鸣. 爱上咖啡师［M］. 南京：江苏科学技术出版社，2014.